Simplesmente... Ciência

Eloi Garcia

Simplesmente... Ciência

Rio de Janeiro – 2011

Copyright © 2011, *by* Eloi Garcia
Direitos Reservados em 2011 por **Editora Interciência Ltda.**
Diagramação: Wilma Gesta de Andrade Lima
Revisão Ortográfica: Maria Angélica V. de Melo
Maria Paula M. Ribeiro
Capa: Paula Almeida

CIP-Brasil. Catalogação-na-Fonte
Sindicato Nacional dos Editores de Livros, RJ

G198s

    Garcia, Eloi de Souza, 1944-
       Simplesmente... ciência / Eloi Garcia. – Rio de Janeiro: Pluri Edições,
  2011.
      210p.: 23cm.
      ISBN 978-85-89116-07-i7
      1. Ciência – Filosofia. I. Título.

11-4712.
                                                                       CDD: 501
                                                                       CDU: 501

É proibida a reprodução total ou parcial, por quaisquer meios,
sem autorização por escrito da editora.

www.editorainterciencia.com.br

Editora Interciência Ltda.
Rua Verna Magalhães, 66 – Engenho Novo
Rio de Janeiro – RJ – 20710-290
Tels.: (21) 2581-9378/2241-6916 – Fax: (21) 2501-4760
e-mail: vendas@editorainterciencia.com.br

Impresso no Brasil – *Printed in Brazil*

Nem a juventude sabe o que pode,
nem a velhice pode o que sabe.

José Saramago

Dedico este livro às minhas filhas,
que sempre me apoiaram.

PREFÁCIO

Um certo dia de junho, recebi o convite de Eloi Garcia para escrever o prefácio de seu sexto livro, que, naquele momento, ainda estava sendo concluído. Aceitei sem titubear, sem ler o conteúdo, e sem saber ao certo o que ele esperava de mim, por que ele me chamava. Minha segurança vinha da intuição de que, com certeza, introduzir um livro do Eloi só poderia me dar prazer. Seus dois últimos livros já tinham sido transmutados em magníficas aulas no meu curso de Ciência e Arte, encantando meus alunos: *"Foi a melhor de todas as nossas aulas, ele é um cientista com alma de artista"*, foi uma das falas na avaliação final do curso.

Eloi me enviou o título da obra e sua estrutura, mas só alguns meses mais tarde pude ler com calma todo o conteúdo do livro. E suas primeiras palavras me prenderam, como, creio, prenderão o leitor: *"Escrever, para mim, é como a ciência: um sistema em desenvolvimento e construção permanente."* E aproveitei suas próprias reflexões sobre o tempo[1] para deixá-lo estressado, entregando o prefácio no limite do tempo disponível, já em dezembro. Pobre Eloi, sofreu essa angústia comigo. Desculpe, meu amigo e mestre, mas felizmente, para mim, a angústia foi só dele, pois, na

---

1   O *tempo pode ser considerado em várias escalas. Para o vírus o minuto é importante. Para a bactéria deve ser a hora. Para o ser humano, talvez os anos tenham valores. Para os agentes responsáveis pelo processo de formação da vida e evolução das espécies têm que ser considerado milhões de anos. Tudo é relativo... A ciência lida hoje com femtossegundos, quando o segundo é dividido por um trilhão.*

leitura de *Simplesmente... Ciência*, meu prazer se confirmou. Claro que, como cientista, posso ser hipersensível a esse prazer, pois Eloi fala do dia a dia em que qualquer cientista se identifica. Mas como ele não dirige seu livro apenas a cientistas, imagino que esse será também o sentimento de qualquer outro leitor, especialmente aqueles que, do olhar posicionado a partir de qualquer outra profissão, não conhecem as delícias e as agruras de ser um cientista e não decodificou o que seja "simplesmente... cência". Através de seus pensamentos e das palavras nas quais ele se "concentra" e dá "sentido e rumo à transparência alimentada pela emoção", Eloi nos conduz amigável e suavemente para seu conceito de compromisso, construindo o seu compromisso com a ciência, e o compromisso da ciência com a vida. "*Desatar o nó da alma e colocar a emoção para fora*": esse é o espírito com que Eloi nos brinda neste livro, impregnado de otimismo, realismo e compromisso, como o que expressa em: "*O futuro é um trabalho árduo do presente.*"

Para isso, nosso autor montou uma estrutura intrigante, como um álbum de retratos, para que possamos ir descobrindo suas imagens criadas em palavras: os retratos do cientista (o "currículo não Lattes"[2]), quando traça o perfil de seu personagem "o Mestre", no qual não sabemos se ele está retratando a si mesmo ou a um e a todos os cientistas e todas as cientistas, tão simples e direto é seu registro do que é ser cientista; os retratos de suas fontes de inspiração, dos conselhos que dá a seus alunos e das buscas pelos métodos de ensino que realmente motivem as pessoas. Há também os retratos do que ele chama de "encantos e problemas" que percebe na ciência, e um grande conjunto de "histórias" que ele nos conta misturando memórias com registros essenciais para a formação. Ele nos relembra, por exemplo, quanto conhecimento aplicado na nossa vida diária teve origem nas pesquisas relativas aos sistemas espaciais,

---

2 Para quem não está habituado, currículos Lattes são aqueles disponíveis na plataforma Cesar Lattes que o CNPq mantém na Internet.

PREFÁCIO

das quais derivaram desde as informações sobre o clima, até a utilização dos cartões de crédito, os canais de televisão digital por satélites e os telefones celulares. E para não parar apenas nas histórias, Eloi adentra pela defesa de uma "ciência mais feminina", assumindo a existência de "machismo" na ciência e propondo que o atual momento é favorável para que as mulheres possam desenvolver novas utopias. Ele nos reconta a história de Hipatia de Alexandria, a primeira mulher cientista, mártir que *"simbolizava a força do pensamento feminino contra a intolerância, e lutava contra conflitos históricos entre a fé e a razão, a Igreja e o Estado, a religião e a ciência, a política e o poder"*. Eloi ainda nos brinda com reflexões sobre "Inovação e empresas", ligando conhecimento e negócios, e situando os desafios de se criar uma empresa inovadora. E para finalizar, ele nos fala da "criatividade na ciência", definindo-a como um certo tipo de "loucura". Será? Só lendo para conferir.

Fui lendo o livro e anotando o que me marcava, seja pela surpresa ou pela identificação como pensamento sobre os temas que estão presentes no cotidiano das pessoas e dos cientistas. Meu arquivo inicial chegou a 20 páginas, algo impensável como um prefácio. Não era certamente isso que ele esperava de mim quando me incumbiu com uma tarefa que eu não tinha.

Por isso, recortei o arquivo e o reconfigurei, como numa colagem de retratos em que se vai tentando impregnar de significados um todo feito por fragmentos. Registro então algumas palavras-imagens que, acredito, incitarão o leitor a mergulhar no texto de Eloi. Talvez elas pudessem ser transcritas nas agendas pessoais como aquelas frases que nos remetem à sabedoria da humanidade.

Antecipando alguns dos retratos nesse álbum de Eloi sobre a ciência e a vida no laboratório:

- *A ciência é o lugar de encontro entre o conhecimento, pensamento e a imaginação, para buscar ou tentar compreender novos paradigmas do cotidiano e da realidade.*

- *A ciência é uma atividade que não pertence ao cientista isolado, mas sim à sociedade em geral, e perde todo sentido quando se fecha em seus limites menores. Faz-se pesquisa para a cidadania, para gerar conhecimento, que se transforma em progresso e bem-estar de todos.*
- *Há encanto e elegância em toda ciência.*
- *Não existem hierarquias entre os muitos intelectuais e os poucos intelectuais. O encanto da ciência funciona como um todo, muito mais que a soma das partes, dos resultados, pois a ciência se constrói e desconstrói diariamente.*
- *Não se deve delimitar a vida somente na ciência. A cultura em todas suas vertentes como a arte, a literatura, a poesia, a música são elementos imprescindíveis para uma boa convivência social.*
- *Emocionalmente a vida no laboratório é como na sua casa. A sensibilidade e o respeito estão acima de qualquer coisa e boiam na atmosfera do laboratório.*
- *O laboratório é uma mistura de ambiente de um conhecido cenário tradicional, pois têm equipamentos, reagentes, computadores, bancadas, mas também é enriquecido pela sabedoria oriental zen ou pelo rito budista, (...) com meditação, solidão, silêncio e paz. O silêncio também fala, e esta expressão é uma sensação de onde emergem e flutuam as palavras.*
- *Deve-se perguntar com inteligência para o experimento, esperar a resposta em sua própria linguagem e, depois, decodificá-la, e enxergar a beleza que existe nela. Essa beleza consiste na harmoniosa satisfação de três necessidades do homem ou da mulher cientista: desfrutar do laboratório com toda força e plenitude, ter vontade, quase que obsessiva, de realizar um experimento, e sentir juntos, com toda a emoção os resultados, pois pode estar nascendo algo novo.*

PREFÁCIO

- *Não há maior prazer que o momento mágico em que o resultado de um experimento abre a porta para a formulação de uma nova hipótese.*
- *A realidade do experimento é antes de tudo um ato de emancipação e liberação intelectual. O dado experimental é a ciência em movimento. Ciência não é verdade, é evidência.*
- *A importância da ciência, além do conhecimento, é a sua utilidade. Isto favorece, de maneira clara e decisiva, os fundamentos de um país justo e livre e desenvolve melhor a sociedade no ponto de vista econômico, educacional e cultural.*
- *O paradigma antigo que envolvia a pesquisa básica, pesquisa aplicada e desenvolvimento tecnológico, transformou-se no novo paradigma que envolve a cadeia: pesquisa básica livre, pesquisa básica induzida, pesquisa aplicada ou pesquisa aplicada pré-competitiva (onde apropriada) e desenvolvimento de produtos e processos.*
- *É importante fazer mais eficaz e mais visível o compromisso de uma ciência sensível e responsável ante os problemas humanitários, capaz de aportar soluções em curto e médio prazos.*
- *Deve-se substituir a síndrome do* publish or perish *("publicar ou perecer") para* patent, publish and prosper *("patentear, publicar e prosperar").*
- *A impaciência é uma distorção psicológica e tem cura. Basta compreender que ela é inútil e não serve para nada. Tudo segue seu próprio ritmo e vai seguir sempre.*
- *Há inovação empresarial e inovação social. Inovar não é somente utilizar a alta tecnologia; é a capacidade de colocar um produto já conhecido, tornando-o de qualidade melhor e mais barato do que o original. Inovar é também desenvolver novos produtos e processos; é a capacidade de chegar a um futuro planejado de*

maneira clara e produtiva. Inovar não é uma alternativa, é o caminho.

- *A novidade absoluta quase não existe. Há que se forçar o limite de tudo para criar novas ideias e enfoques na ciência. As fronteiras da loucura estão muito próximas às da criatividade.*
- *Não tenho receio de cometer erros aqui e acolá. Mas depois esses enganos devem me levar a realizar trabalhos melhores e mais importantes.*
- *Não são em todos os laboratórios que as relações são tranquilas e amigáveis, quase sempre há desavenças, desassossegos, competições e estremecimentos.*
- *Manter viva a curiosidade, aproveitar oportunidades, cercar-se das pessoas adequadas, e saber se encontrar no lugar certo, no tempo certo, no momento certo. Estas variáveis são fatores decisivos para alcançar o sucesso.*
- *Devemos passar a página, para continuar lendo o livro, senão nunca chegamos ao final. Não se faz ciência para tirar as dúvidas, e sim para penetrar ou mergulhar nelas, para criar mais dúvidas.*
- *A ciência, como a arte, faz parte da cultura que deve chegar a todos, pois é essencial, porque contém a objetividade, o contraste de pareceres, a visão diversificada, a racionalidade e luta contra o dogmatismo.*
- *Para fugir das velhas ideias necessita-se de irreverência, criatividade, ousadia e paciência.*
- *Para seguir desenvolvendo-se os mistérios da ciência, necessita-se do apoio e da cumplicidade da sociedade. Esta cumplicidade é uma forma fantástica de celebração da democracia.*
- *As palavras competição e concorrência são incômodas quando aplicadas à ciência. Não creio que os cientistas devam competir*

PREFÁCIO

entre si, porque temos milhares de perguntas para serem respondidas, tantas ideias para serem elaboradas e executadas. Tem ciência para todos os cientistas!

- *A ciência toma muito tempo da gente. Um cientista é como um atleta, o segredo da vitória está no treinamento. A ciência é como uma maratona e não uma corrida de cem metros.*
- *O laboratório não tem idade, não envelhece, pois cada vez que se publica um artigo, cria sua própria atualidade e juventude.*
- *O importante é ter boas ideias.*

E aqui alguns dos retratos de Eloi sobre a ação de educador:

- *Não dá para ter uma vocação de cientista sem a de professor. Transferir e gerar conhecimentos são os pontos comuns.*
- *Ciência e educação não são patrimônios de ninguém. São bens públicos e, por isto, dar-lhes uma dimensão social integrada é nossa obrigação, é nosso dever, é nosso compromisso, pois sabemos que todos os cidadãos têm o direito a elas.*
- *A emancipação dos seres humanos através da ciência e o saber crítico constituem o núcleo central que dá mais sentido a educação. A igualdade, a sustentabilidade, a cooperação e a inovação social devem estar presentes em todas as formas educacionais de países que querem o desenvolvimento.*
- *A ciência e o ensino não devem ter pátria – a não ser os limites éticos e morais – nem ter fronteiras, pois é universal.*
- *Para aprender há necessidade de uma convivência tranquila, positiva, que envolva confiança, respeito e afeto entre estudante e professor.*

- *Temos jovens do século XXI, com professores do século XX em Universidades do século XIX. É difícil viver sem contradições e conflitos interiores. Vive-se com ideias impotentes que nascem cotidianamente em nosso cérebro. Discerni-las é o papel do educador.*
- *A inovação tem que estar em todos os passos da formação de um bom profissional. Deve ser incrementada nos cursos técnicos, de graduação e pós-graduação e, finalmente, nos parques tecnológicos e de inovação que várias Universidades estão desenvolvendo.*
- *A questão séria é: pode-se ensinar a ser criativo?*
- *Três aspectos na vida de um bom cientista e orientador são singulares. Primeiro, preferir a cooperação à competição, colaboração "sem invadir o espaço do outro". Segundo, o entusiasmo do avanço científico deriva novas maneiras de pensar; fazer pesquisa de vanguarda muitas vezes pode levar aos equívocos antes de achar a resposta. Terceiro, ser generoso e ter sempre os estudantes ao lado. Isso é investir no futuro do país. É como uma corrida de bastão onde passamos o bastão ("conhecimento") ao próximo que está descansado e pode correr mais e melhor do que nós. A vida também é assim: uma eterna substituição dos materiais biológicos mais velhos pelos mais novos. A sabedoria tem algo de pele, de intuição, é algo ditado pelo inconsciente, e auxilia em muito a atividade científica.*

Em muitos momentos, Eloi também lança mão de conselhos de outros pares sábios, e alguns também me pareceram especiais para serem destacados nesse prefácio:

- *Goethe: "O espírito humano avança continuamente, mas sempre em espiral."*
- *Ramón y Cajal: "Toda grande obra, em arte e em ciência, é o resultado de uma grande paixão colocada em serviço de uma grande ideia."*

PREFÁCIO

- *Carl Sagan*: "Para inventar a torta de maçã, primeiro tem que se criar o Universo."
- *Richard Feynman*: "O desafio não é criar novas ideias, o desafio é escapar das velhas ideias."
- *Severo Ochoa*: "A ciência é fruto da liberdade e é sempre a primeira vítima da ignorância."
- *Confúcio*: "Quando me contaram, esqueci; quando vi, entendi; quando fiz, aprendi."
- *Albert Einstein sobre aprendizagem*: "A educação é o que sobra depois que esqueci o que aprendi na escola."
- *Winston Churchill*: "Sempre gostei de aprender, o que não gosto é o que me ensinam na escola."
- *Singh*: "Deve-se combinar o crescimento do país com a excelência educacional em todos os níveis e com o desenvolvimento da pesquisa, tecnologia e inovação, senão estaremos numa ilha de excelência num imenso oceano de mediocridade."

Depois de percorrer esse trajeto proposto por Eloi, fiquei eu mesma tentada a lhe dedicar algumas palavras que mesclassem seus ensinamentos, brincando de recortar e colar palavras com os significados e sentidos construídos com a leitura deste livro.

Tempo:
   pouco, curto, rápido, longo, vazio, preenchido, bom, mau, vida.

Sentido:
   nas palavras, nos pensamentos, nas ações, fazer sentido, sem sentido, para ter um sentido.

Novo olhar:
   sobre a vida, o trabalho, o amor, a ciência, o belo.

SIMPLESMENTE... CIÊNCIA

Nada deveria ser urgente:
a não ser a vida e a alegria, a não ser o que nos fortalece.

Cuidar de si:
para cuidar do outro, discernir o que precisa e o que não precisa ser feito, ser dito.

Encontro:
diálogo, palavras, pele, carinho, afeto, abraço, aconchego, colo, cafuné, amigo, amor.

Aprendizado:
sempre, compartilhado, ativo, belo, suave, forte, encanto, generoso.

Ciência:
futuro, prazer, encanto, ensino, partilha, evidência, mutante, desconstruindo, construindo.

Arte:
vida, sensibilidade, percepção, beleza, ruptura, espanto, descoberta.

Tânia Araújo-Jorge
Cientista

ÍNDICE

Prefácio IX
Ponto de vista do autor 1
O currículo não Lattes 11
As fontes de inspiração 27
O professor: a procura de métodos 57
Encantos e problemas 77
Histórias sobre ciência 101
Para uma ciência mais feminina 125
Inovação e empresas 139
"Loucura": a criatividade na ciência 157

PONTO DE VISTA DO AUTOR

As histórias contidas neste livro podem ser contadas de diferentes maneiras, mas todas têm-me acompanhado em momentos diversos e importantes de minha vida. As escrevo, não para agradar ou desagradar, e sim para desatar o nó emaranhado da alma e colocar a emoção para fora. Eu adoro introduzir, por estética, fantasias em histórias reais, e porque todas as imaginações me ajudam a explicar melhor os diálogos existentes. Temos que criar espaços de reflexão da ciência e este livro é um bom momento que defende o pensamento reflexivo nessa área. Deixo desde já claro que não é pelo *status* científico, mas por tentar dar argumentações universais mais compreensíveis pela população. Tento desesperadamente chegar à alma do eleitor que gosta de ciência.

O texto apresentado tem-me feito feliz, me ajudado muito a (re)viver e graças a ele acredito que sou uma pessoa melhor. Depois de certa idade o tempo não se torna de grandes compromissos, e sim de responsabilidades cada vez mais pontuais. Não temos mais energia para viver intensamente todas as coisas. Selecionar os melhores momentos é sempre conveniente. O saber da vida consiste na eliminação de tudo aquilo que não é essencial e mesmo de alguns que não chegam a ser supérfluos, mas podem ser dispensáveis sem muitas alterações em nosso dia a dia. O que fazer se a vida não permite tudo?

Há que se encarar seriamente a responsabilidade dos cientistas que têm que defrontar com as rápidas mudanças tecnológicas e do conhecimento, e os processos profundos de transformação que afetam a nossa vida cotidiana. Sem as tecnologias modernas seríamos como os homens das cavernas. A expectativa de vida do ser humano durante a maior parte de sua existência foi de 18 a 20 anos. Nos livros de história estudamos que os grandes políticos morriam entre 30 e 40 anos. Hoje podemos viver em média mais de 73 anos. O mundo está transformado. A tecnologia é uma arma poderosa que nos ajuda a viver mais, a combater a ignorância, o sofrimento, a pobreza ou a doença.

Os personagens

Têm sido descritas milhares de páginas sobre como criar um personagem de livro. Todas são inúteis. Umas dizem que ele tem que possuir tais e tais qualidades, que necessita ser o reflexo de seu tempo, que é fundamental a sutileza ou a certeza ou o interesse. Não é que seja inexplicável o caráter do personagem, suas virtudes, seus vazios espirituais, suas falhas e suas carências, como tampouco resulta inexplicável a estratégia e o tom escolhido para criá-lo. O que é não explicável é a gestação do personagem, o sofrimento de pari-lo, o mecanismo que leva ao pressentimento dos diálogos criados, a maneira que o autor inventa e comparte a sua criação com os leitores. Eu tenho a convicção de que criar um personagem envolvido com a ciência pode levar a aprendizagem e esclarecer a importância da ciência para a sociedade.

Shakespeare certa vez disse que Julieta afirmara que a rosa manteria seu perfume, qualquer que fosse o seu nome. O mesmo ocorre no livro com o personagem principal. O "Mestre" seria o "Mestre" qualquer que fosse o seu nome. Este personagem é inspirado em pesquisadores que convivi, e muitos deles ainda eu convivo no Brasil, EUA, França, Alemanha, Itália, Suíça, Índia e Inglaterra, e nas atividades científicas e culturais que estes amigos executaram nos últimos 45 anos. O "Mestre" tem uma maneira própria resultante das personalidades de todos estes meus

PONTO DE VISTA DO AUTOR

amigos e é uma encarnação do espírito e do homem de laboratório e da sociedade. Quer transmitir a alegria. De certa forma, tenta representar o estudante que tem dentro de sua alma. Se pensarmos como os estudantes, seremos felizes. Todo cientista é sonhador.

Às vezes me dou em conta que estou "fabricando" um personagem, o que me leva a uma sensação especial de carinho por ele. O "Mestre" é único, é ele só. É um profissional na arte de contar histórias sobre a ciência e mesmo na eloquência do silêncio, no valor das palavras e dos gestos. Mas não quero me converter em escravo de meu personagem "Mestre" e carregar este peso pela vida afora. Em palavras mais simples: acho que estou aprendendo a contar uma história.

Há que se ter uma inquietude intelectual e criativa para ter um papel neste livro. Tento reunir nas conversas um montão de ideias dessas pessoas maravilhosas, mas escrevo sobre o que me toca a alma. Para progredir na redação tive que ter uma personalidade dissociada, alguém capaz de sair-se de si mesmo, algo meio esquizofrênico. Porém escrevo os diálogos baseados nos exemplos reais do entendimento que estes cientistas amigos me passaram e na lógica de minha imaginação criativa, que insiste em dar para a sociedade o sentido histórico e a realidade aos fatos vividos.

Cada vez me interessa mais o real e menos a ficção, mas cada dia que passa me parece que tudo é irrealidade. Mas o personagem "Mestre" não é um sonho, é real, juro! A experiência que adquiri com meus amigos me influenciou muito na maneira de "encarar" e "viver" a ciência no cotidiano do laboratório e desenvolver este personagem. O tempo todo eu tentei evitar as distorções da percepção no texto, que às vezes é comum, frágil e até imperceptível. Tentei ao máximo evitar a ficção e mergulhar na realidade. Mas é inevitável que de vez em quando a fantasia aproxime e às vezes domine o "Mestre".

No texto os personagens estudantes são inspirados no cotidiano do laboratório e nos estudantes de pós-graduação e pós-doutorado que convivo nos últimos anos. Mas eles são os estudantes mais obsessivos, questionadores e chatos que conheço. Mas são reais e eu faço parte de seus mundos. É muito difícil discernir o quanto eu posso influir neles e quanto eles podem influir em mim. Reconheço, entretanto, que eles têm um futuro promissor, mas carecem do passado na experiência científica. Sempre lembro a eles que o futuro profissional vem de um trabalho árduo e frenético no presente do laboratório. É um presente real e não um espaço do nada que não leva à parte alguma! O laboratório é algo maior que uma sala de experimentos. É um local de compromisso com o conhecimento e a ciência, com o esforço e a imaginação, a cultura e os deveres com a sociedade.

O texto

É muito difícil separar o autor, que tem uma dificuldade enorme de elaborar o texto, e a mente que desenvolve as histórias. Mas quando se tem claro e está seguro do que quer não se pode assustar. Ao contrário acredito que cresço com as dificuldades e que os argumentos são depósitos de minhas emoções. Cada um nasce de minhas lembranças, e este livro tem a ver com minha experiência como cientista e minha paixão pelo conhecimento.

Quero transmitir o não domínio da emoção e liberação que tenho ao escrever. Mas isto não é fácil. É obrigação de todo escritor revelar aos leitores a problemática do texto da melhor forma possível para que eles se interem do que está acontecendo. Daí nasce mais uma visão e lição da vida. O texto gera acontecimentos, porque aumenta a atenção e coloca em alerta a consciência. As coisas ocorrem porque as vemos, sentimos e contamos. Meus textos me ensinam o mais difícil ao escrever: prestar atenção nas histórias que relato, pois despertam o espírito crítico e, ao mesmo tempo, as emoções e a fantasia. Sei que escrevo em um ritmo e tenho uma forma descompassada de construir frases, que por vezes me deixa alucinado. Assim escrevo para terminar de escrever. E ainda há sempre aqueles que não sabem contar seus "causos", não é verdade?

    Quando se aproxima a "idade da experiência" pensa-se que talvez a gente chegue a redigir com facilidade, com certeza e conhecimento claros e objetivos. Juro, eu nunca consegui isto! Por mais que tente manipular as palavras, sempre parece que escrevo pela primeira vez, sempre! E mais, geralmente as coisas saem muito mal. Escrevo muito, corrijo muito e reescrevo muito e no final do dia me dou conta de que não tenho nada interessante. E isto não tem nenhum mérito. Existe uma boa parte do texto que, para que seja mais ou menos o que sinto, tenho que escrevê-la umas 10 vezes, e outras pouquíssimas vezes saem praticamente na primeira escrita. É muito estranho! Às vezes escrevo em forma de "zigue-zague", vou e volto, não tenho uma direção determinada. Não se aborreçam com isso! Se algo ocorre e me leva a mudar de rumo numa frase, mesmo que o assunto seja repetitivo, não tenho nenhum problema em desviar-me desde que a emoção permita. Escrever, para mim, é como a ciência: um sistema em desenvolvimento e construção permanente onde nada termina. O texto tem a função primordial de revelar o espírito secreto da ciência, o encanto e a alegria de viver o laboratório com os estudantes, mas também os problemas da ciência e sua propagação, para desativar e romper as crenças ainda existentes na sociedade.

    Os diálogos são estruturados como forma de divulgação científica, pois é a parte social que complementa minha atividade e o meu próprio outro eu. Do ponto de vista do livro creio que o leitor participará com maior atenção e interesse e viverá mais intensamente o personagem e suas histórias. Se a aventura for criativa o leitor será cúmplice e defenderá os argumentos. O fundamental é mostrar o que o autor pensa e como pensa, e não se arrepender de nada depois de aprovar o que está narrado. O que não foi textualizado desaparece, deixa de existir e evapora. Somente o escrito permanece para sempre.

SIMPLESMENTE... CIÊNCIA

O livro é sobre ciência, mas é um ensaio literário e não um experimento. Não defendo uma tese, uma proposta científica. Escrevo sobre temas que me agradam. É um texto de não ficção feito de forma atípica, entrelaçando realidade com fantasia. Sua elaboração envolve lembranças e é uma questão de liberdade de expressão. Não se trata simplesmente de recordar, e sim de como lembrar e escrever as histórias. A memória não deve ser manipulada e é algo que se escapa da história ou da ciência. Ela deve ser livre para contar as aventuras, e abrir portas que normalmente estão fechadas. Mas, às vezes, ela fica entre o consenso e a necessidade. Assim o texto é uma plataforma de memória e pensamento e um espaço de reflexão sobre a ciência. O reivindicar como um capricho emocional e subjetivo, algo como a magia misturada no encantamento cotidiano do laboratório. Mas nunca fico inteiramente satisfeito e ele me deixa obstinado em busca do melhor diálogo e comunicação.

A complexidade das palavras

Escrever este livro é contextualizar sobre uma forma de ser, uma maneira de sentir e viver. É compreender como se adquire a percepção e se transforma em palavras. Mas também é uma arte. A ciência e a arte têm em comum a paixão e a curiosidade. O mistério e a beleza têm uma profunda atração que funde o conceito de ciência e arte em um só verso. Elas são duas coisas boas para preencher e sentir plenamente a vida. O sentimento científico se combina bem com a vocação artística. Às vezes se mistura a paixão científica com a inquietude artística. Uma não é superior a outra.

Não basta que se goste de algo, a gente tem que se apaixonar. Nesta combinação tento fazer o possível me concentrando nas palavras dando sentido e rumo à transparência alimentada pela emoção. Acredito na engenharia das palavras, em sua poesia. Tento usar as mais úteis e às vezes as melhores não são as que mais gosto, e sim as que melhor vão apresentar a cena. Mas não adianta! Na maioria do texto que escrevo faltam as palavras e os verbos adequados, as sentenças quase sempre não esclarecem o que sinto. É também muito difícil pensar em frases e argumentos que outros não pensaram e colocá-las de forma original. A relação com as palavras é complicada. Nunca se sabe se o que quer dizer é o que está escrito e se os leitores vão entender do modo que o autor deseja. Não se trata de simplesmente escrever, se refere a atender um processo emocional e de sentimento. Isto é muito variável, pois depende do dia e do humor!

Gostaria de escrever algo original e inesperado, recuperar a dimensão artística e simbólica da ciência e sua capacidade de nos apaixonar por ela. Quase não consigo! As palavras têm um significado dentro da gente e outro fora. Elas fazem e desfazem frases e definem um mundo que não tem consenso. Graças a elas, nada tem sentido e tudo pode ser verdade ou mentira. Tudo é tão difícil!

Tento por caminhos distintos encontrar novas palavras, uma nova linguagem, novas formas, renovar o texto, escrever de uma maneira diferente e mergulhar nos personagens. É nesta busca que se completa uma ideia, escolhe as palavras com as quais se constrói um novo pensamento. Quando a gente sabe disto compreende o conflito e está condenado a tentar desentranhar a complicação das palavras no limite da linguagem, sem medo do hermetismo. É uma tarefa árdua! É fantástico quando a gente descobre que através das palavras pode contar uma história. Mas inventar história de maneira eficaz com poucas palavras é impossível. Quanto mais palavras nós usamos, mais livres ficamos e mais claro fica a compreensão do que se escreve.

Palavras finais

A sociedade ainda não tem clareza do que é conhecimento científico. Talvez o problema esteja na palavra ciência. Algumas pessoas têm sensação de que a ciência conceitual é demasiado pedante e não pode chegar a todos. Por isto, sou um cientista em conflito permanente. Por um lado, um experimentalista concreto, por outro, me preocupa enormemente a divulgação da ciência, ou seja, levar os conhecimentos científicos à sociedade e promover a ciência como parte da cultura. Isto é importante para que se desapareça o medo da ciência, e ajude na formação dos jovens, das pessoas, para que eles estejam conscientes de suas aplicações e sua importância em todos os aspectos sociais. Trata-se então de aportar valores sociais ao crescimento, de argumentar o desenvolvimento, mas como um motor de igualdade para os cidadãos.

Tenho que confiar em meu subconsciente e nas noites não dormidas no laboratório ou em casa. As pessoas me perguntam sobre o simbolismo de certos argumentos que uso nos livros e tenho que ser muito honesto para dizer-lhes que muitas das ideias não são conscientes. Imagens, conversas, texturas e mensagens que recebo dos amigos me deram milhares de argumentos que utilizo. Os leitores lerão muitas coisas, mas honestamente, somente sentirão a emoção do meu compromisso com a bancada, com os estudantes, com a sociedade e com a ciência. Este compromisso é um pouco da loucura que transmito pela pele.

Eu gosto de pensar no texto deste livro como quando os primeiros pintores impressionistas captavam o movimento e a fugacidade. O que mais me fascina na pintura e na ciência é não saber nunca onde está, esteja onde estiver! A ciência, como a pintura, nasce e se faz. Ela não se improvisa e educa as pessoas. Este espaço de trabalho é algo que me comove e que me faz contemplar a vida e sonhar. Nele os três elementos da ciência, o experimento, a imaginação e o conhecimento, estão muito presentes em todos os capítulos.

As estruturas das histórias e dos diálogos pediram e acabei relatando uma pequeníssima parte de minha própria vida. Esta talvez tenha sido uma maneira de explicar que não tenho vergonha do passado como ser humano e profissional da ciência, um pouco ao modo de "*Non, je ne regrette rien*", de Edith Piaf. Vivo limpo de feridas, mas não de arranhões.

PONTO DE VISTA DO AUTOR

Não tenho que lamentar deles e nem das tristezas e crises que tive pela vida afora. Ninguém escapa, não é? Para mim a crise felizmente se transforma no melhor momento para a criação.

Viajei no tempo. A ciência converte o sonho em vida e a vida em sonho. Conto histórias do início de minha carreira científica e chego até ao mundo de hoje. Misturo tudo de modo proposital. A ciência é a minha vida e meu modo de viver. Sempre foi assim e assim será. Essa é a felicidade de minha vida. Ela tem me dado o melhor que tenho: os amigos, as experiências, os contatos, as ideias. É minha vocação e ela me libera tudo que sou e tenho. Eu sou parte do existente em permanente transformação e do maravilhoso mundo atual, pois a beleza é também a tristeza rebelada do fundo da alma.

Por desejo ou por necessidade, somente escrevo aquilo que eu gosto e que sinto e experimento. Tento manter no texto a arte de fazer ciência, pois quero escrever um livro que gostaria de ler. Não me fixo no momento, e sim em como os leitores reagem, pois creio que eles fazem parte e desempenham um papel importante ao ler as histórias. No texto, o ambiente imaginário convive em harmonia, quase sem conflito. Nos contos eu tenho sempre optado de modo otimista pelas histórias comunicativas, diretas, simpáticas, que têm continuidade e realização e os personagens são aqueles que acordam e levantam cada manhã, olham o céu, afrontam o dia, desnudam a noite e pensam na vida a ser vivida.

Eloi Garcia

O CURRÍCULO NÃO LATTES

$\mathcal{E}$screver sobre o currículo não oficial do "Mestre" não é difícil por ele ser transparente como uma água cristalina. Sua imagem conserva um convincente ar de seriedade, mantém a memória ativa e o cérebro exigente. Sua aparência um pouco envelhecida e provocante é repleta de energia e sem rodeios, e possui até aparência de certa ingenuidade. O "Mestre" é assim pela sua forte personalidade ou profunda paixão e convicção sobre a importância da ciência para a humanidade? Ou talvez por andar com passos num ritmo tranquilo, já pensando no próximo experimento? Ou pela tolerância e respeito, direito à liberdade e à imaginação, à justiça e à solidariedade para a plenitude da dignidade de seus alunos e colegas? Ou pela forma meio relaxada de se vestir acreditando que a aparência não vale muito? Ou ainda pela sua gesticulação meio italiana, algo intensa e expressiva? De vez em quando, ou em dias especiais, ele exagera nos gestos. Ah! Pode ser pelo seu sorriso aberto? Não sei! Talvez seja mais pelos seus olhos infantis que brilham como nunca quando depara com o resultado de um experimento inovador ou com o sucesso de seus estudantes na vida, não é? Meu Deus! Nestas horas todo entusiasmo se reflete em seus olhos que iluminam demais e vislumbra o autêntico, o original. As boas notícias de seus orientados, principalmente àquelas vindas das bancadas do laboratório, são partes da emoção que inunda sua vida de alegria e felicidade. Ele fica eufórico, feliz mesmo, e vibra muito mais que seus próprios estudantes que, talvez, não saibam ao certo a repercussão daquele novo conhecimento e do motivo daquele seu enorme entusiasmo e satisfação. Mas a razão de sua energia está muito clara, sim! Ela está embasada em sua dedicação à ciência, que se reflete em sua ambição experimental, inquietude intelectual e obstinada busca da essência da ciência como alavanca para explicar o mundo – sempre diz que seu sonho secreto é o desejo que seus artigos científicos sejam como aqueles que mudaram a sua vida. Nunca saberá se isto será uma realidade. Ele vai até onde pode ir! Sabe de seus limites.

***

O "Mestre" apesar de passar longo tempo no laboratório, onde se sabe que tudo é possível, tudo cabe, não é favorável para delimitar a vida somente na ciência. Ele possui um pensamento interessado pela universalidade do conhecimento e pela interseção da cultura em todas suas vertentes, como a arte, a literatura, a poesia, a música, o teatro, que são elementos imprescindíveis para uma boa convivência social. O fracasso real da vida é não poder se realizar como pessoa: como o escritor que não tem ideia, o pintor que não encontra as formas ou as cores, o poeta que não consegue as palavras, o matemático que se confunde com os números, o músico que não seja um escultor do som, o cientista que não sabe fazer um experimento... Ou seja: um cientista sem artigos, um pintor sem quadros, um matemático sem equações, um escritor sem texto, um poeta sem poesia, um músico sem encontrar a arquitetura do som.

Somente a cultura em todas as vertentes pode alimentar a corrente do pensamento. Reconhece com tranquilidade que em seu trabalho há certa dose de alternativas e de "loucuras". Tem sido uma pessoa com ideias fixas sobre alguns pontos de seu plano de vida, e que esse projeto não sofra percalços. Tirando isto seu planejamento é flexível e variável! Ele se considera uma pessoa que busca sua ciência ao longo de um caminho que nunca termina. Mas sua vida segue a trilha que um dia acaba. Todavia, trabalha com entusiasmo e pratica aquilo que é pouco comum na profissão: a generosidade de um jovem pesquisador que tem tudo por fazer, pensar grande e em longo prazo. Não é unicamente uma generosidade de amigo a amigo, de colega a colega, e sim a mais difícil: a generosidade científica para todos que o procurasse.

***

Ele tem claro que a vida moderna aumenta a capacidade automática e mecânica da sociedade sem melhorar as qualidades do ser humano. Acaba-se dependendo do computador, do celular, da TV e dos equipamentos. No passado cultivava a memória, a cultura, a educação, o conhecimento, o relacionamento e outras habilidades. Hoje tem sido demonstrado que até com certos algoritmos de visão artificial se pode programar um computador para que compreenda uma cultura de outra, ou gráficos gerados por um experimento ou diferencie estilos artísticos de outros. Baseando-se em determinadas informações da linguagem computacional, é entendido o gráfico produzido, a grossura do pincel, tipo de material ou composição da paleta de cores de um quadro.

Em termos computacionais nunca poderemos determinar com exatidão um período artístico nem quantificar um experimento ou a emoção da resposta humana ante uma obra de arte, mas sim buscar tendências e estatísticas. Isto pode até servir para ajudar no desenvolvimento de ferramentas de visualização e análise de imagens ou na catalogação de obras de arte nos museus. Porém nunca para criar uma pintura de qualidade e atraente como a de van Gogh ou Monet, ou desenvolver um experimento original no laboratório. Apesar de haver várias simulações ainda bem que restam ideias e traços "divinos" dos cientistas e pintores que nem o computador pode definir, não é? Senão, daqui a pouco, tudo vai depender dos computadores e o dom da ciência e da arte humana fica rejeitado a um plano secundário. Isto seria horrível!

***

Aliás, o "Mestre" é um homem de seu tempo e não de nosso tempo, um homem identificado com período da revolução cultural, da ciência como idealismo, do sonho como objetivo de vida. Ele pertence a uma geração tardia pós-guerra que discutia o mundo, suas mudanças, as políticas e economias, o comunismo e o socialismo como solução para todos os problemas sociais enfrentados no planeta. O motivo que o levou a se dedicar à ciência tem que ver com a implosão cultural dos anos 1960 e com o momento político. A criação científica para ele é totalmente livre, é o gozo da liberdade. Isto permite evitar a nostalgia e ficar de "frente" para o futuro. O "Mestre" não deu nenhuma importância a ele mesmo, nunca considerou que tivesse outro mérito que o de realizar seu trabalho científico com dedicação e o de orientar bons estudantes. Sem esse contexto talvez não existisse o "Mestre".

Neste seu mundo todos dependem de todos, e a boa relação interpessoal é indispensável para realizar bons trabalhos. Ele sempre diz que vivemos em uma época onde brevidade, superficialidade e rapidez são os valores. Em seu tempo de juventude a sociedade desenvolveu referências que foram a dificuldade – para aprender a resolver problemas – a tranquilidade – para pensar e não agir impulsivamente – e a profundidade – para saber resolver da melhor maneira possível. O "Mestre" acredita quem hoje se prescinde destes valores obtêm reações banais e facilmente manipuláveis.

Ele é muito fechado em si, e isso influencia em sua vontade de ser dialético e provocativo, de ser impulsionado além de seu limite cultural, de ter atividade política como cidadão. Tem pensamentos da esquerda pura, no entanto, mais de coração do que ideias que existem agora, mais de forma platônica e ingênua do que realista. Prefere não debater política, tema que o aborrece, para concentrar-se na ciência. Mas tem clareza de que sua geração politicamente fracassou e não teve como queria a capacidade de mudar o mundo como desejava.

***

Ele sabe bem de si mesmo, de seus fantasmas, mistérios, dúvidas e de ouvir seus sentimentos e atitudes. Talvez até ele seja uma pessoa "hiperativa" e não goste de viver a vida sem entusiasmo, emoção e esforço. Atrás disso tudo, sempre estão inúmeras reações químicas para produção de energia e liberação de serotonina e adrenalina. Será que ele é um "obsessivo compulsivo" por dedicar tanto tempo de sua vida ao laboratório e à ciência? Continua a fazer tudo com vigor de um adolescente que já não existe, sem se preocupar com as coisas que não são necessárias, principalmente a burocracia que arrasa e arrasta o tempo útil. Mas não pode negar. A estrutura burocrática existente leva a uma relação difícil entre os cientistas e os administradores. Entende-se que o controle e as auditorias são necessários, mas tem havido um choque entre o laboratório, que precisa de agilidade, e essas culturas, algumas medievais. O ideal seria substituir a cultura do controle para a cultura da confiança nos cientistas. Isto aumentaria aos cientistas suas horas disponíveis para realizar tudo o que gosta e desenvolver seus experimentos.

***

Sua fala apesar de agitada possui a doçura e a educação mineira clássica, formal e com regras precisas, que são marcas de sua vida de luta e de compreensão, que nos leva a encará-lo com ternura e carinho. Jamais coloca obstáculos ou desculpas quando a gente lhe solicita alguma informação impossível de obter ou lhe pede algum artigo científico que armazena no fundo das montanhas de papéis que existe em sua escrivaninha. Ele é um cientista que conversa conosco. Escutar seus argumentos é entender que tipo de homem ele é. Principalmente otimista e esperançoso, mas de modo algum inocente ou alienado em relação aos percalços do laboratório e da vida. Nunca se queixa do excesso de trabalho, nem jamais diz que é para os estudantes se "virarem". E assim também nunca espera receber nossos agradecimentos pela sua dedicação ao laboratório. Resumindo, o "Mestre" é um cientista e professor muito dedicado, um colega magnífico, um amigo, um ser humano formidável, e um político em seus relacionamentos que possui uma honestidade intocável e indiscutível credibilidade.

***

Seus argumentos, que sempre têm um ar de improviso, são de uma veemência, intensidade e de uma beleza jamais imaginada pelos estudantes e amigos. Nada é tão ameno nem menos pesado, menos dogmático ou acadêmico. O "Mestre" tem nas analogias o modo de explicar uma ideia ou um dado fenômeno biológico. A ele interessa sempre explorar novas maneiras de pensar e formas originais de fazer ciência. Busca e explora hipóteses baseadas nos resultados experimentais obtidos ou nas ideias que surgem nas conversas. Isto é uma necessidade, uma obrigação. A boa ciência sempre o deixa feliz. Ela é para ele uma espécie de doença incurável e sua relação com ela é intensa, cheia de ternura e paixão. Ele gosta dos trabalhos de vanguarda, pois estes são os que expressam os pensamentos do futuro. Não aceita os conceitos preestabelecidos, mas aqueles que ajudam a construir uma nova visão da ciência. Ciência para ele é a resposta à necessidade humana ao conhecimento, para se superar, para entender e transformar-se o entorno que a envolve.

Está convencido de que uma boa hipótese é como um fertilizante para o laboratório: melhora o astral e a disposição e a beleza dos estudantes no trabalho. O resultado obtido por eles parte desta premissa que aprendeu com a vida: a ciência melhora a alma da gente, nossos pensamentos, pois permite entrar em um universo de beleza e de muitas incertezas. Ou seja, sem sensibilidade real e sem a poesia do desconhecido não existe ciência. Possui um entusiasmo contagioso e transformador, que se revela a cada conversa com seus estudantes e amigos.

O "Mestre" sempre diz: "Desvendar um processo biológico é crucial, é conhecer mais a comunicação e a beleza da linguagem da natureza." E frisa: "Vive-se em uma época em que as boas referências estão desaparecendo. A ciência é a única que pode viajar nesse mundo de sentimento de perda – hoje tão comum – e recuperá-lo com credibilidade. Mas temos que tomar cuidado para evitar as perseguições da vida." E finaliza com a frase chocante de Severo Ochoa: "A ciência é fruto da liberdade e sempre a primeira vítima da ignorância." Vendo por este lado, a gente acha que o "Mestre" é uma pessoa fria e racional. Pelo contrário, tem vivido a vida intensamente e com grande paixão que se reflete em seus olhos. Não é contraditória a racionalidade necessária para a ciência com a paixão conhecer coisas novas e mergulhar na emoção da vida. Sua vida é plena de sentimentos pelo conhecimento, pela arte, pela leitura, pela poesia, pela beleza, pela música, pelas formas de vida e sua paixão pela ciência é inata.

**

Evita e critica essa mania dos cientistas de rodear-se somente de outros cientistas. Para ele não existem hierarquias entre os muitos intelectuais e os poucos intelectuais. Sempre expressa que isso é algo que o incomoda desde o início de sua vida. A sociedade coloca rótulos nas pessoas e mantém esses títulos para sempre. Acha que o importante é comunicar-se independente do nível intelectual. Ele sabe que a beleza da ciência funciona como um todo, muito mais que a soma das partes, dos simples resultados. A ciência para ele é como a arte que no início é um caos, mas que inspira o artista, no final, a pintar um quadro belíssimo. O "Mestre" descreve a ciência com olhos de menino, brilhantes de fascinação e explica de forma clara como mudará a realidade cotidiana quando a tecnologia for inserida no mundo de todos. Às vezes suas ideias não levam para lugar algum, outras vezes encontra algo que não procurava na escuridão do conhecimento. Essa casualidade estimula um pensamento que leva a outro, a outro, a outro, pois a ciência se constrói e desconstrói no cotidiano.

Quando tenta buscar ordem em seu cérebro a criatividade diminui, por vezes desaparece. A desordem e o caos e a entropia desempenham um papel muito importante para a criatividade, não é verdade? A medida da entropia dá ideia da desordem que contém uma organização. As leis da termodinâmica estabelecem que em qualquer sistema – seja de moléculas, atividades celulares, automóveis no trânsito de uma cidade, relações de amizade, etc. – o grau de desordem tende a aumentar com o tempo. Por isto a arte pode chegar a todos os níveis sociais e intelectuais em diferentes tempos caóticos. E assim deve ser também a ciência em todas as suas formas. O "Mestre" acredita veementemente nisto!

Seus alunos destacam sua generosidade desinteressada, as formas do trato e da cortesia, o modo de ser, a maneira natural de comportar-se, a frenética atividade a favor e na busca de um trabalho científico original. A inteligência é o dom que intercala sua forte personalidade, que acerta na oportunidade de dizer, dá capacidade de relativizar os acontecimentos e a lealdade crítica às coisas fundamentais. O objetivo sério e concreto, a meta declarada e explícita de sua vida é conseguir a expressão científica de seus orientados. Eles reconhecem sua trajetória e profissionalismo, e a maneira incansável de trabalhar, em todos os níveis, pelo laboratório, pela pesquisa e pela divulgação da ciência à sociedade. Se os cientistas não forem assim, os laboratórios – razão de suas vidas – entram em decadência, alguns sem jamais terem chegado ao auge.

***

Aliás, o pioneiro da divulgação científica foi Galileu Galilei. Em carta enviada ao seu amigo Paolo Gualdo, em 1612, Galileu relata que escreveu o artigo sobre manchas solares em "idioma vulgar", porque queria que as pessoas pudessem ler. Ele poderia ter escrito em latim, como era costume nas publicações científicas, mas escreveu em italiano. Assim, Galileu verificou que quando as pessoas aprendem a interpretar a realidade, as ideias mudam. Começou a ser difundido o método científico ou o sistema hipotético que consiste em observar, formular uma hipótese, experimentar, teorizar e, logo, demonstrar que o que se pretende ocorre sempre quando se considera determinadas etapas para, por fim, criar uma teoria científica.

A luta de Galileu pela defesa de suas hipóteses baseadas nas experimentações e sustentadas em seu espírito crítico, e a preocupação de levar seus resultados a todo o mundo, colocou a pedra fundamental ao que chamamos hoje de divulgação científica. Este processo serve de exemplo de como a ciência pode mudar a nossa cultura. Galileu tornou-se um modelo de cientista ao contar seus descobrimentos, métodos, atitudes em relação a outros campos de conhecimento, e ter interesse de que todas as pessoas pudessem lê-los. Ao continuar escrevendo em "idioma vulgar", ou seja, de maneira que chegasse a todos, este pesquisador ficou como referência de cultura científica e de divulgação na história da ciência.

***

A ideia da compreensão pública da ciência segue caminho em mentes maravilhosas. É evidente que o livro de Einstein sobre a teoria da relatividade especial e geral faz sucesso até os dias atuais. A relatividade de Einstein continua sendo o paradigma do impenetrável, quase um culto à obscuridade. Mas o livro de divulgação de Einstein está aí ao alcance de todos. O físico o escreveu em 1917, um ano depois de formalizar a versão final de sua teoria. Pelo jeito ele queria urgentemente colocar sua teoria, de modo compreensível, à disposição do público. Neste livro estão os exemplos clássicos utilizados posteriormente centenas de vezes por outros autores para explicar a relatividade: o trem em marcha, uma pessoa parada junto à estrada ferroviária, o passageiro que caminha pelo vagão, os relógios que medem tempos diferentes. No primeiro capítulo Einstein revela como chegar às equações da relatividade especial com uma clareza incrível. O livro é o contrário da obscuridade. Vale a pena entrar em contato com que Einstein escreveu neste livro.

***

O "Mestre" estuda, orienta, dá aulas, produz artigos científicos, escreve livros e artigos de divulgação científica. Confia no pensamento, na razão e na ciência. Como sempre fala: as luzes da inteligência humana e o poder da imaginação – ambas úteis para propagar o bem e ampliar a liberdade dos seres humanos. Administra o laboratório que tem aspecto um pouco bagunçado e descuidado, mas que alberga com carinho seus orientados e estudantes curiosos que querem aprender a investigar. Explica a eles que: "A ciência é o ponto de encontro entre o conhecimento, o pensamento e a imaginação, para buscar ou tentar compreender novos paradigmas do cotidiano e da realidade." Mas a ciência tem algo notável e seguro que é o método experimental. A experimentação deve exprimir uma realidade e estruturar um desejo, uma invocação, uma evocação. Mesmo com todas as contradições que isto pode causar, somente a ciência faz isto. Chegamos à conclusão de que a ciência não pode ser incompreensível, porque versa sobre o entendimento e pode chegar a todos.

Acredita fielmente na cultura e desconfia de quem diz que a ciência não tem nada que ver com a arte. Diz sempre que os cientistas e os artistas compartem a necessidade de observar o nosso entorno e focar na informação mais objetiva. Tanto a ciência como a arte são partes da natureza humana porque modificam, classificam e dão nomes e referências importantes ao mundo que nós vivemos. É seu sentimento que a socialização da cultura, em especial da ciência e da arte, contribua para a construção de uma sociedade melhor formada, mais justa e estruturada, que esteja baseada no desenvolvimento, na excelência científica e nas atividades de formação de recursos humanos para o presente e o futuro.

Nunca é tarde para construir. É importante fazer mais eficaz e mais visível a dedicação com uma ciência sensível e responsável ante os problemas humanitários, capaz de aportar soluções em curto e médio prazos. Esta política de fornecer aos cientistas maior independência e estabilidade para se consolidar como o grande impulsor da ciência de excelência. E para que haja excelência na pesquisa, precisa a existência prévia de uma massa crítica de pesquisadores que está sendo realizada com competência pela Capes.

A ciência é uma atividade que não pertence ao cientista isolado, mas sim à sociedade em geral, e perde todo o sentido quando se fecha em seus limites menores. Faz-se pesquisa para a cidadania, para gerar conhecimento, que se transforma em progresso e bem-estar de todos. E isto é estimulante, porque o avanço científico nos leva ao inesperado que nos obriga a uma mudança substantiva das ideias existentes. A importância da ciência, além do conhecimento, é a sua utilidade. Mas o realmente útil, mais que o conhecimento, é saber valorizá-lo. Isto favorece, de maneira clara e decisiva, os fundamentos de um país justo e livre e desenvolve melhor a sociedade no ponto de vista econômico, educacional e cultural.

**

O "Mestre" não é um homem de partido político e por isto não tem modelo social a aplicar. Nunca é arrastado por consignas. Acredita que a atividade científica e a política tiveram um desencontro recíproco na história. Enquanto a primeira se alimenta da análise, da subordinação ao método científico e o reconhecimento mundial com as bases necessárias, a segunda se sustenta na ação permanente, na resposta imediata e na presença da imprensa. Estes aspectos são inerentes à natureza e causam com frequência o distanciamento entre cientistas e políticos. Não resta dúvida de que agora, como nunca, para o bem do país é necessário uma aproximação ativa, uma interação dinâmica entre a ciência e a política. Ele acredita que o método científico pode apontar políticas consensuais que levem a decisões mais relevantes para a população. Aliás, isto deveria fazer parte da vida pública, do debate político e das questões sociais, porque é um elemento importante para o progresso. Nossa política necessita urgentemente de informação e formação que deve ser dada pelo mundo acadêmico. A velha dicotomia entre a ação e o pensamento pode ser resolvida com a interação de ambas, pois a informação dissolve progressivamente a ignorância. Mas a distância do sonho e da realidade anda tão distante! Mas isto não o deixa desencantado, descrente. Tem uma personalidade demasiado forte e não perde tempo lamentando-se com as ideias fúteis existentes neste mundo. Não aguenta os discursos políticos tradicionais e os políticos oportunistas de cada momento, nem deixa que eles invadam sua vida, seu trabalho e seu cotidiano. Ele sabe o que não quer e o que quer.

Democracia e liberdade em todos os níveis são as metas que defende desde os anos 1960-1970 do século passado. Entende claramente que a geração de conhecimento e a capacidade crítica são atuações substanciais da Universidade e Institutos de Pesquisas e é também parte do espírito científico quando este revela o lado cívico e de cidadão do cientista. Assim, reivindica para ele e para nós estudantes o pensamento crítico e assumir a responsabilidade de nosso trabalho, que há de ser tanto maior quanto maior for o privilégio de estar em um laboratório de pesquisa público e poder contribuir com a produção e a geração de conhecimento. Por ser assim, tem dias que não aguenta as pessoas em sua volta e nem suporta a si mesmo. Nestes dias tampouco outros indivíduos o suportam! Assim ele é a verdadeira contradição.

***

Como integrante da comunidade científica, como pesquisador, como humanista, como defensor da cultura que quer romper com os compartimentos estanques e com as Torres de Babel ou de Marfim, o "Mestre" assume que a ideologia não pode pesar mais do que sua atividade de pesquisa. Diz: "O mais profundo de minha ideologia está no trabalho científico, na quebra dos limites da imaginação, das fronteiras do conhecimento." Ele, como tantos outros de sua geração, dedicou-se como cidadão, na busca do sonho impossível, da emoção inatingível de uma vida socialmente igualitária a toda a população do planeta; e como cientista, na compreensão do complexo sistema biológico do processo que chamamos vida. Se a ciência é importante para conhecer o entorno no qual se desenvolve nossa vida, também o entender do porquê das coisas é básico para o cidadão que quer viver uma vida mais saudável.

Mesmo quando ocupou posições importantes de gestão institucional, atendia seus estudantes nas horas vagas ou nos finais de semana. Sabe que é importante manter-se com os pés no chão. A realidade é o laboratório. Ele não era gestor, estava gestor. Gestão é algo passageiro. O que tem como sonho de vida as realizações como cientista e orientador para transformar em realidade a criatividade das pessoas do laboratório. E não duvidem, existem certas interfaces cerebrais que permitem fotografar os sonhos mediante imagens funcionais do cérebro.

***

O problema é que ele está sempre meio "fora de órbita" e muitas vezes olhando o pôr do sol na praia perto de sua casa. Gosta de ser só, mas não é por natureza um solitário. Depois que aposentou, para evitar a solidão precisou de se reinventar, encontrar novos sentidos para sua existência produtiva. Não é um burguês normal, porque é pouco integrado na sociedade, mas uma pessoa informal – sem renunciar a sofisticação que os amigos falam – e, sobretudo, divertida. Abandona o descanso e o lazer, mas não o laboratório que é como a continuidade de sua casa. Seu idealismo consiste em olhar de frente a realidade dos experimentos com um toque de humor e arte necessário para ver resultados construtivos e criativos.

Esta pessoa íntegra, hiperativa e clarividente anda sempre um ou dois passos à frente de seus colegas. Há tanta ciência para aprender que suas influências não se referem a uma linha de atuação, são permeáveis a outras, inclusive a erros. E mais, vivemos em uma sociedade que premia o acerto e penaliza o erro. Para a aprendizagem científica isto é um horror, estéril e vazio. Não se pode ter receio de errar, porque não existe outra maneira de aprender. Fazer ciência é uma prova de erros e acertos constantes, é crescer e aprender, aprender é equivocar-se. O avanço na carreira científica depende de superarem-se os experimentos falidos, porém necessários, porque somente através deles vamos descobrir o que é o novo conhecimento. A vida de um cientista é o todo tempo à busca da verdade que nunca é encontrada.

Os trabalhos do "Mestre" mostram as inquietudes e os paradoxos que têm a vanguarda científica na busca do novo, do original. Às vezes, tem que trabalhar com problemas científicos que são significantes, mas sem acesso a bons equipamentos. Hoje, quase tudo utiliza equipamentos modernos existentes nos laboratórios. Muitos pesquisadores não têm que imaginar nada, pois basta utilizar uma máquina mais sofisticada para "vender" um resultado convincente. Não se pode mecanizar a imaginação humana. A ciência não tem que ser sofisticada para ser criativa. Por isso acredita que a técnica não pertence à expressão de alguma coisa científica. Quando não se têm recursos, o cientista depende somente de seu cérebro e sua imaginação. O importante é ter boas ideias. Muitos estudantes têm sucesso, porque desenvolvem novas hipóteses e são determinados em seus trabalhos. Acreditam naquilo que ainda não foi revelado, até para descobrir o que pensa e como nasce o conhecimento.

***

A essa altura da vida surpreende com sua lucidez, o pensamento muito claro, a inteligência sempre disposta a entender tudo, a imaginar tudo. A ciência é a expressão da vida, a liberdade do pensamento, da imaginação, do sentimento... Trabalhar, estudar, ensinar e escrever é o seu território do prazer e a fonte da juventude que o "Mestre" ainda apresenta no dia a dia. Resignar-se a isto é envelhecer ou falecer um pouco, aposentar-se de vez. Isso ele não quer. Viva a imaginação e o pensamento! Viva o voo e os pássaros! Viva o exercício mental! Ele nunca vai se entregar, disso tem certeza! O "Mestre" é protegido pelas paredes do laboratório que é como o útero que o abriga, uma gruta que o conforta e o envolve, e é a razão e a emoção de sua travessia pela vida. E afinal, as águias voam alto!

AS FONTES DE INSPIRAÇÃO

O "Mestre" sempre tenta transferir o sentimento aos seus estudantes. Emocionalmente a vida no laboratório é como na sua casa. Esta é uma maneira gostosa de convivência e relacionamento com as pessoas e de fazê-las ativas "coreógrafas" e não observadoras passivas dos trabalhos executados. Ele é um homem de uma clareza científica e humana cativante, e seu afã de superação dos limites e perfeição causa admiração. É um estímulo para todos nós. Apreciamos seu modo de pensar, sua linearidade quando necessária, a racionalidade como forma, e sua capacidade de descobrir nos experimentos aspectos que são ao mesmo tempo sensíveis e difíceis de serem observados. Tem a segurança que nos motiva à beleza da ciência pura. A vanguarda e a criatividade não são atividades solitárias e ele as compartilha com todos. Ensina-nos que as coisas mais difíceis, se bem explicadas, podem ser facilmente compreendidas. Nós absorvemos seus ensinamentos como uma "esponja" sugadora do conhecimento.

Seus alunos dizem que gostam das conversas livres que ocorrem de vez em quando no laboratório ou na hora do almoço. Falam sobre tudo. Os dados novos da ciência predominam as discussões.

Numa dessas reflexões argumentaram:

– Não podemos explicar bem como é trabalhar com ele. Somente podemos dizer que é um homem educado e respeitoso, um eterno aprendiz que diz que é feliz e privilegiado por dividir o espaço do laboratório e o tempo conosco. Ele é repleto de reconhecimento das pessoas que trabalham no laboratório. Se sente muito querido, mas gosta de passar despercebido. Ele tem a obsessão do trabalho equivalente à obsessão de participar de nossas vidas. O "Mestre" desenvolve as ideias que circulam e se cristalizam no laboratório. Seus trabalhos dão sentido a sua vida e respondem questões que fazemos rotineiramente. Ele se sente comprometido com tudo o que faz. Sempre pensa em um ambiente de trabalho justo, uma "atmosfera" intelectual e experimental que adquira um protagonismo fundamental ao trabalho. Cultiva e cultua a amizade, o amor, a solidariedade e a dignidade na ciência que executa. Ele é um veterano, mas não é um velho. Somos felizes por compartilhar nosso espaço com ele.

***

O resto é difícil de contar. Ele é de morte, mas gostamos muito dele. Não é um intérprete que se esconde detrás do personagem. Seu papel na vida científica é o de "abelha" que ajuda a desenvolver a "colmeia", de profissional que consegue que os projetos sigam em frente, de companheiro e orientador que facilita encontrar referências, escrever artigos científicos, pensar em novas ideias e permitir a compreensão de um fato biológico. E mais, como ele acredita no que faz! A convicção faz parte de seu trabalho de transmissão entre a ciência e os alunos, é a biela que amplifica seu papel de orientador. O que mais admiramos nele é sua capacidade de fazer que pareça fácil, o que na realidade é muito difícil. Muitos são os projetos envolvendo o pessoal do laboratório que contam com sua solidez científica e sua capacidade de fazer agradável a dureza do dia a dia dos experimentos, com diálogos, camaradagens e generosidade com os pesquisadores e estudantes. Ele diz que a vida para nós estudantes não é correr nem voar, e sim trabalhar e se esforçar. Sem trabalho não há benefício, sem esforço não existe superação.

AS FONTES DE INSPIRAÇÃO

Assim a nossa inspiração é o trabalho, sem trabalho e sem esforço, não existe ciência.

***

Ele nos deixa no final do dia um montão de ideias e sorrisos. Às vezes até brincamos com o "Mestre" dizendo que ele pode nos dar somente uma boa ideia por hora, senão ficamos nervosos, tontos e esgotados. Ele não luta pelo sucesso, e sim para realizar coisas boas, nada mais, pois sabe que o sucesso não muda as coisas importantes da vida. Sua capacidade de trabalhar supera as horas do dia. Tem um carisma encantador que às vezes pode ser tomado como arrogância ou temor. Mas ele sempre está muito próximo da gente. Ele é ele! É único! Uma pessoa singular em muitos aspectos, como alguém que passa a sós noites e noites, em sua casa ou no laboratório, completamente ilhado e incomunicável, escrevendo um artigo científico ou tentando encontrar a beleza das frases para usá-las nos textos de seus livros. Seu caráter insubornável é o emblema de sua independência que molesta a uns tantos e é a base de seu prestígio como cientista, como gestor, como professor, como orientador e como pessoa. Suas observações mostram que ter um objetivo comum significa compartir os resultados do que constantemente observamos em nossos experimentos.

O experimento é a intensidade máxima que expressa uma boa ideia que, às vezes, não se repete. Mas o aparente resultado distorcido de um experimento pode ter coerência sob outros aspectos. No laboratório os estudantes vivem na extrema vulnerabilidade das contradições, porque são obrigados a encarar os resultados dos experimentos cotidianamente. Portanto, também devem compartilhar inevitavelmente os prejuízos, as contradições, as dúvidas e pontos negativos. Isto suaviza as coisas. Para o "Mestre" a ciência se encarrega às vezes de desmentir ou comprovar uma hipótese, pois o poder de persuasão da realidade científica requer mais tempo. Ele nos fala que o equilíbrio na ciência não existe, e isto é uma oportunidade, porque se puder encontrar o equilíbrio, a ciência seria muito chata, perderia a curiosidade e não haveria necessidade de continuar explorando o desconhecido.

***

Seu humor – que ele dizia: "É muito sério, difícil de precisar se o humor nasce ou se faz antes de aprender a rir de nós mesmo – é aguçado, sarcástico, cínico e às vezes melancólico. Sua maneira de resolver as crises inevitáveis, que acontecem quando se colocam pessoas juntas, é única. Migra do criativo ao recreativo com uma inexplicável facilidade. É exclusivo seu modo de mostrar que somos patéticos e, principalmente, de nos dizer coisas ácidas e duras, como se estivesse falando do mais trivial. É a história que sempre vinga. Esta história não pode seguir sem analisar como chegamos até esse ponto, sem olhar o trabalho individual e coletivo dos orientados. Fazer ciência não é fácil, é muito difícil, mas a compensação é tal que o esforço se justifica. Vou fazer pesquisa até o dia que morrer. Esta decisão ninguém pode mudar e é uma mensagem positiva aos mais jovens. O "Mestre" faz isto o tempo todo.

Ele tem muita paciência. Diz-nos que a impaciência é uma distorção psicológica e tem cura. Basta compreender que ela é inútil e não serve para nada – ah! Depois de cinco anos de psicanálise pode dizer isto. Tudo segue seu próprio ritmo e vai seguir sempre. Quando estamos nervosos e queremos conhecer detalhes de suas hipóteses, ele começa a conversar com calma sobre ciência, explicando detalhes de processos bioquímicos e fisiológicos envolvidos no comportamento. Meu Deus! Nós queremos saber o que ele pensa sobre um determinado assunto! Ou como desenvolver uma ideia! Mas suas reflexões e análises traçam um mapa da atividade científica que exerce olhando uma retrospectiva sobre as últimas quatro décadas que ele viveu no laboratório em toda a sua plenitude, e que serve para explicar parte do presente e assinalar algumas das prioridades do que virá no futuro de sua ciência.

Como resposta a nossas inquietudes, com tranquilidade, lembra uma história onde Confúcio convidou um de seus discípulos a passear pelo bosque. Enquanto caminhava, distraidamente observava as árvores, as flores e os passarinhos. A beleza da biodiversidade existente naquele cenário. Seu aluno, andando pelas trilhas, estava nervoso e inquieto. Não tinha ideia de onde estavam, para onde iam e o que iriam observar. De repente, sem mais nem menos, seu discípulo angustiado rompeu o silêncio e lhe perguntou: "Mestre, aonde nós vamos?." Confúcio com calma e um amável sorriso nos lábios retorquiu: "Já estamos."

***

Dentro dessa filosofia, um dia no laboratório ele estava meio agitado e começou a apresentar uma nova linha de trabalho que pretendia desenvolver. Sem entender nada e nem onde queria chegar, ouvimos a seguinte história:

– O intestino dos animais, além de ser um órgão por onde os nutrientes são absorvidos, desempenha também um papel importante da defesa do organismo. É fato bem conhecido que o tubo digestivo representa a via principal de entrada de micro-organismos. Daí ele estar muito bem protegido pelo sistema imunológico. De fato, no caso do ser humano ali se concentra mais de 70% das defesas do corpo. A flora microbiana intestinal já coloniza o trato digestivo nas crianças em seus primeiros dias de vida e sofre transformação com o tempo por fatores externos, como dieta, clima, medicação, estresse, tipo de alimentação. A flora bacteriana intestinal, analisada por metagenoma, pode chegar a estar formada por mais de duas mil diferentes espécies bacterianas, das quais somente 100 poderiam chegar a ser prejudiciais ao ser humano. Além disto, o intestino pode conter diferentes protozoários e helmintos. Um equilíbrio bacteriano perfeito mantém o sistema natural de defesa. Este equilíbrio pode ser alterado por doenças, dietas e mudanças não favoráveis da alimentação, como alimentos contaminados e tudo mais.

***

O intestino humano possui mais de 10 milhões de bactérias. São mais de mil espécies diferentes e a ausência de algumas delas está relacionada com doenças intestinais inflamatórias, que hoje em dia não tem tratamento, como a colite ulcerosa, que afeta um em cada 200 pessoas. Esta flora intestinal é importante, pois degrada as fibras e libera dos alimentos ou sintetizam as vitaminas necessárias ao ser humano e outros animais. Por isto a "inoculação" intestinal da microbiota permite reintroduzir as espécies de bactérias ausentes. Vale a pena lembrar que as bactérias também interferem no comportamento de defesa imunológica intestinal. Por isso tudo é que a hora do "transplante" de bactérias para reaproveitamento da flora intestinal é importante.

Nos últimos anos as indústrias de alimentos, baseadas nos novos conhecimentos gerados pela biologia molecular, biotecnologia e nutrição, desenvolveram os alimentos funcionais, conhecidos como pré-bióticos e pró-bióticos. Os primeiros são substâncias não degradadas na dieta que estimulam seletivamente o desenvolvimento e/ou a atividade de um ou mais tipos de bactérias benéficas para o organismo humano. Exemplo de pré-bióticos são os alimentos fibrosos que ajudam a regular o peristaltismo intestinal.

Uma orientada fazendo graça expressou sorrindo:

– Estes nós conhecemos, pois fazem parte de nossa dieta para não engordar, não é verdade?

O "Mestre", sorrindo, continuou sua argumentação:

– Os pró-bióticos são micro-organismos vivos que, quando são ingeridos em quantidade suficiente, melhoram a homeostasia da flora intestinal. Eles causam benefícios para a saúde, por proteger o organismo contra os patógenos, estimular o sistema imunológico e manter as funções intestinais em boas condições. Para serem classificadas como pró-bióticos, as bactérias devem ser inócuas para o indivíduo que as ingere, chegar viva ao intestino e ter capacidade antimicrobiana, modular a resposta imune e influenciar de maneira positiva no metabolismo do hospedeiro. É o exemplo do *Lactobacillus* dos iogurtes. Hoje se pesquisa o uso de alguns pro-bióticos na prevenção de diarreias agudas causadas por rotavírus e na síndrome do intestino irritado, bem como na prevenção de alergia, na melhora do ritmo intestinal, na regulação dos níveis de colesterol, etc.

***

– Vejam vocês – continuou sua divagação científica – utilizando-se a técnica da metagenômica foi encontrada 10 mil bactérias por cm^2 na pele humana. Faz-se uma pequena biópsia na mesma área, alcançando os folículos capilares e as glândulas sebáceas, e se encontram um milhão de bactérias. Isto quer dizer que o nosso corpo está coberto de bactérias e a imensa maioria está dentro da pele. Elas participam da degradação de gorduras, controlam o pH e evitam que outras comunidades bacterianas mais agressivas dominem o nosso corpo. As bactérias que habitam o corpo são partes do nosso organismo. Somos formados pelas nossas próprias células eucarióticas somadas a um número 10 vezes maior de células bacterianas. Minha gente, o ser humano é parcialmente formado por bactéria!

Uma estudante de doutorado agitada, ansiosa e nervosa interrompe o "Mestre" dizendo:

– Não estou entendendo aonde quer chegar! Vamos logo ao ponto! Foco, "Mestre", foco! Afinal qual a nova linha que pretende desenvolver no laboratório? Não aguento esperar mais!

Com muita calma, ele respondeu como Confúcio:

– Não quero chegar. Já chegamos. Estamos discutindo as ideias do que vamos investigar: "Hemostasia do tubo digestivo de insetos vetores de parasitas." A ideia é entender bem o que os micro-organismos existentes nos órgãos digestivos dos insetos fazem para poder usá-los no combate a parasitas e patógenos que lá se instalam. Quais as respostas imunes que são estimuladas pelas bactérias intestinais do inseto e quais as relações delas com os demais micro-organismos existentes? As bactérias podem detectar algumas substâncias químicas em seu entorno (cheiro?) e reconhecer outras bactérias através de seus compostos químicos que são liberados no ambiente. Experimentos recentes mostram que o *Bacillus subtilis* e o *Bacillus licheniformus* elaboraram uma reação semelhante quando detectam amoníaco (odor?) que se desprendia de uma delas e é um de seus nutrientes. Como resposta a essa substância, ambas as espécies produziram um biofilme, ou seja, se agruparam para unir-se em colônias e poder expulsar seus inimigos potenciais. Este seria a quarto sentido dos procariotas, pois eles possuem também sensibilidade à luminosidade e se transformam quando outro micro-organismo ou material os atinge (tato?), como também têm gosto – através das substâncias químicas com as quais se interagem (gosto?) e agora também olfato (?). Estes são belos exemplos de como os seres vivos aprenderam a se comunicar entre si. As infecções bacterianas matam milhões de pessoas por ano, por isto descobrir como se comunicam nossos inimigos é um passo importante para lutar contra eles. Era desta maneira que ele nos colocava a par de suas ideias, novas hipóteses. Ele sempre tinha um caso interessante para contar. Com o passar do tempo descobrimos como é delicioso começar a trabalhar com coisas novas no laboratório ouvindo suas histórias, considerações e ver o brilho dos seus olhos.

***

AS FONTES DE INSPIRAÇÃO

O "Mestre" não é desses cientistas que "empina o nariz" com arrogância quando fala de questões científicas conosco e com os colegas. Chegar ao triunfo e ter um êxito reconhecido pelas pessoas não é uma tarefa fácil. Albert Camus já dizia: "O êxito é fácil de obter. O difícil é merecê-lo." Se conseguir a fama é muito difícil, se manter nela é quase impossível. Sempre diz que todo o cientista tem seus 15 minutos de glória. Mas daí para converter-se em um pesquisador que brilhe por sua excelência, que tenha luz própria, há muita distância. Lembra sempre que Mozart deslumbrava os ouvintes já aos cinco anos, enquanto Vincent van Gogh morreu sem sentir o êxito de suas pinturas.

Ele é um homem maduro, comprometido, acessível e nada pretensioso. Fala o que sabe – como uma pessoa mais velha, e isto parece ridículo, como diz! Uma das lições que nos ensina é manter viva a curiosidade, aproveitar as oportunidades, cercar-se das pessoas adequadas, e saber se encontrar no lugar certo, no tempo certo, no momento certo. Às vezes ele fica doente só de pensar que não está contribuindo nem participando da vida do laboratório. Ele faz o que pode e isto é uma variável decisiva para alcançar o sucesso em nossos trabalhos.

***

Tudo ele explica com clareza inacreditável, sem deixar de lado a complexidade do sistema biológico. Este é o encanto de sua simplicidade. O importante para ele é que aprendêssemos a realizar uma pergunta que pode ser respondida em um experimento que, detrás de alguma coisa, fornece sentido a uma realidade, nem que seja provisória. De certo modo, este argumento é um pretexto para a reflexão, uma desculpa para formular perguntas. A ciência avança respondendo perguntas e, ao fazê-lo, cria novas perguntas. A maior vitória do conhecimento é o aumento da ignorância, porque nós vemos as coisas que desconhecíamos. Ou seja, o maior enfrentamento que temos a nossa frente é o não conhecimento. Por isto temos que seguir realizando ciência. A ciência avança respondendo perguntas e ao mesmo tempo criando um monte de novos questionamentos.

A ciência *per si* não dá resposta, ela nos leva a pensar e a ajudar a nós mesmos a encontrar essas respostas. Tudo isso pode ser aprendido no dia a dia do laboratório. Explica-nos que a diferença não está na superfície observada nos dados experimentais, e sim no antes e no depois da leitura revelada nos experimentos e na interpretação do conteúdo dos resultados. Felizmente, esta maneira de ser não nos deixa levar pela frustração de um resultado negativo.

A paixão pela ciência, junto com a persistência e a ética profissional, dissipa todas as dúvidas e nos conduz ao objetivo programado para o experimento. Não há maior prazer que o momento mágico em que o resultado de um experimento abre a porta para a formulação de uma nova hipótese. O "Mestre" nos ensina a chegar à intimidade dos problemas experimentais. Diz que o laboratório não tem idade, não envelhece, pois cada vez que se publica um artigo, cria suas próprias atualidade e juventude.

Às vezes, ele quer que a gente tenha a resposta antes da pergunta, pois realizar uma pergunta sem resposta é muito fácil! Sabe que novas respostas nos levam a novas perguntas, aos novos objetivos, a seguir adiante o caminho do conhecimento Um caminho que é apaixonante. É como se fosse a emoção de descobrir o novo e a paixão para desenvolver uma ideia original, sem o experimento, privilégio ao alcance de poucos cientistas.

***

As conversas com suas orientadas passam do mero conhecimento formal da ciência, para situá-la dentro do mundo do pensamento e reflexão transcendente – ele diz que isto é obrigação do orientador. Não gosta de conversar sobre situação de desesperança, desassossego, tristeza e solidão. É curioso que um profissional com tantos anos trabalhando incansável e com resultados científicos mais que notórios possa explicar fenômenos biológicos tão facilmente. Sua maneira científica de ser, sério mais rebelde, de alguma maneira nos sustenta e nos contamina. Sempre diz que o maior inimigo da liberdade de criação é o poder. O poder em todas as suas formas: pela autoridade, pelo financeiro, pelo obtido legalmente, ou o ilícito, pelas pressões que sofrem os estudantes de seus maus professores e orientadores. Se não fosse por ele muitos de nós não estaríamos no laboratório dedicando-nos à atividade científica.

Nestas horas sua rebeldia consiste em não resignar-se nunca e viver a beleza e a liberdade, mas nunca sem um prazer isento de melancolia. Fala sobre utopia, júbilo e beleza, e diz que na vida é bom ouvir uma bela composição de música clássica, porque não necessita conhecer a pauta para apreciá-la. Basta ter a sensibilidade de senti-la e deixar-se levar pela emoção que provoca. Ele nos estimula desenvolver a generosidade, a tradição, a inteligência, a sabedoria e o respeito. Tem fé na nova geração e acredita na juventude. Sempre fala: "Vocês são o futuro de nosso país."

Nós estudantes, sob sua orientação profunda e segura, estamos constantemente melhorando os modelos e teorias, colocando-os à prova contra a realidade dos experimentos cada vez mais exigentes e refinados. Com ele aprendemos que a realidade da investigação é antes de tudo um ato de emancipação e liberação intelectual. O dado experimental é a ciência se movendo. A realidade transforma o conhecimento em algo diferente do reducionismo e da simplificação que estamos acostumados a aprender em alguns cursos universitários e de pós-graduação. Ele nos ensina que o laboratório representa uma combinação entre tradição, cultura, generosidade, modernidade, complexidade e gosto alucinado pela experimentação científica. É algo entre a realidade que apresenta e a imaginação que sugere uma nova ideia, um novo experimento. No laboratório tudo é muito dispendioso e complicado, mas nada é impossível.

***

O "Mestre" é um promotor da liberdade de criação, da estética, da beleza e da funcionalidade da ciência. Ele é encantado, feliz e muito satisfeito com o que faz, sobretudo com o sentido da continuidade de sua ciência nas mãos de seus estudantes. Como ele mesmo explica: o laboratório é uma grande praça aberta para todas as pessoas, para o conhecimento, a educação e a cultura. Este mundo torna-se uma fantástica comunidade global que contribui para um mundo melhor. Ele se empolga quando vê alguém curioso e que quer seguir estudando.

Por isto, reconhece muito bem que em todo tempo é preciso repensar, reimaginar e reinventar argumentos, palavras e sentimentos, para estabelecer o diálogo com seus estudantes de modo organizado e convincente. O orientador responsável deve ter essas preocupações, uma maneira "gostosa" de explicar as coisas e o desejo incansável e inesgotável de ensinar. Sua forma de transmitir o que sabe é única, sempre provida de elegância e realidade. Odeia a explicação como uma lição obrigatória, não natural, ou uma aula tradicional. Tem a impressão de que as pessoas não devem se explicar demais. Elas se confundem e se perdem ou o que estão dizendo se volatiliza. O "Mestre" gosta de poucas palavras e usa com sabedoria a cultura "mineira". Aquela que "quando alguém fala de verdade tem algo a dizer". Os indivíduos que falam pouco, e na hora certa, quando dialogam são mais interessantes, envolventes, sedutores, do que outros "destramelados" e que falam indiscriminadamente.

A sensibilidade e o respeito estão acima de qualquer coisa e boiam na atmosfera do laboratório. Este ato delimita para ele um espaço próprio, um reino singular de solidariedade e pertinência, de sossego quase absoluto. Por estas coisas ele é um personagem fora de seu tempo. Entrar em

AS FONTES DE INSPIRAÇÃO

sua vida é como encontrar e decifrar circunstâncias, em espaços distintos, rompendo com a ideia de uma pessoa normal. Ele não é convencional e possui sensatez, valores e princípios filosóficos fora do comum. Sempre diz que: "Sem os valores básicos adquiridos na família, somos uma parte menor do reino animal, mais uma das espécies inferiores."

***

Numa manhã, nas discussões dos resultados obtidos, suas orientadas, antes que surgisse alguma questão experimental, o procuram manifestando o desejo de realizar uma pergunta pessoal. Ele concorda e os estudantes entrando em cena, dominados pela sua simpatia, fazem o seguinte questionamento:
– Qual é o segredo que o mantém com essa energia que nos leva à paixão contagiosa da ciência, esse entusiasmo, essa eletricidade, essa vibração cerebral que nos cativa e contamina? Você representa a energia de nossa juventude, a ilusão da dimensão social da ciência transformada em realidade, a crença no que tem de melhor da natureza humana. Sabemos que sua vida científica é intensa, você viaja com frequência, ministra conferências e aulas, dá assessorias, participa de reuniões, escreve livros e artigos científicos, cuida das filhas e dos cachorros e passarinhos, e ainda permanece um tempo interminável trabalhando. Todo o final de semana está aqui no laboratório. Como pode aguentar este ritmo alucinante? Para nós, você é quase como o personagem que vive dentro de um livro fazendo parte da história. Quando alguém for ler o texto, lá estará o "Mestre" cheio de entusiasmo e energia!
Sensibilizado pela argumentação dos estudantes, com os olhos umedecidos de lágrimas, o coração cortado pela emoção causada pela pergunta, ele muito sério, olhando pela vidraça do gabinete de seu laboratório, com as mãos se movendo continuamente, quase sem ele dar conta, retorquiu com serenidade e muita tranquilidade:

– Complicada esta pergunta que fazem! O imaginário coletivo de vocês viaja para além dos planetas e das galáxias. Lembro-me que passei há alguns anos por duas situações graves de saúde, onde vi a morte de perto. A primeira foi um problema cardíaco e a segunda uma intensa hemorragia interna. Pelas complicações que os sintomas causaram, nos dois internamentos hospitalares, achei que estava chegando ao final de minha existência. Mas a vida não tem lógica. Hoje tenho uma relação diferente com ela.

Acho que a ciência, os livros, e tudo mais que vocês colocaram, aumentaram o meu funcionamento cerebral e cognitivo. As pessoas são capazes de ativar centros cerebrais-chave que controlam a tomada de decisões e raciocínios mais complexos. A atividade intelectual estimula os padrões de atividade neural e pode aumentar o funcionamento cerebral e a cognição, bem como de toda a fisiologia corporal. É daí que vem sua energia.

* * *

À medida que o cérebro envelhece, acontece uma variedade de mudanças estruturais e funcionais que incluem a atrofia, diminuições da atividade celular e aumentos de depósitos de placas amiloides que podem ter impacto sobre o funcionamento cognitivo e fisiológico. Um gene conhecido e relacionado com o envelhecimento está envolvido também no desenvolvimento das placas amiloides que danam o cérebro dos pacientes com Alzheimer. O gene se chama *Sirt1* e os pesquisadores do MIT constataram que ele regula a produção de fragmentos de proteína que formam as placas que causam os danos cerebrais. Foi comprovado que os problemas de memória e aprendizagem típicos da doença se atenuam quando o gene, se muito expresso no cérebro, piora quando o *Sirt1* se anula. As placas amiloides se formam quando umas proteínas precursoras se rompem em moléculas amiloides menores, porém podem também romper-se em fragmentos de proteínas que são inofensivas. Os cientistas demonstraram que o gene *Sirt1* ativa a produção de uma enzima que rompe essas proteínas precursoras em fragmentos não danosos, em lugar das moléculas que formam as placas amiloides. Ainda bem que a atividade intelectual e científica não deixa que isto ocorra de maneira intensa ativando a *Sirt1*. Viva para a ciência por nos ajudar e os livros que nos salva disto! Viva! Exclamou com grande entusiasmo e com os olhos brilhando!

E continuou a explicar com sinceridade:

– Não sei de onde vem tudo isso, mas parece que vocês fazem questionamentos e experimentos especialmente para mim. Os racionais das respostas e os resultados experimentais ajudam muitíssimo na produção dessa auréola positiva que vocês dizem que me cerca. Existe uma forte sensação de prazer, difícil de descrever, quando consideramos uma hipótese de trabalho, e inclui um prazer maior observar uma comprovação que não conhecia. Cada resultado é como uma mensagem intensa de amor que expressa o sentimento de vocês pela ciência. Trabalhar com vocês me enriquece, me faz perder os limites com quem tenha uma visão muito mais aberta. Não perder tempo, aprender o que é mais importante. Dá-me força, coragem e ajuda para seguir meu caminho. Os dados obtidos, na realidade, são traduzidos nas sensações da aprendizagem e nos avanços de meu e também do conhecimento de vocês. É como oxigênio entrando nos pulmões fazendo a hemoglobina oxigenar mais o cérebro. Parece-me que tenho que dominar esta energia, eu necessito que ela exista, me dá medo pensar ao contrário. A energia que vocês me passam é elemento de minha vitalidade e procuro canalizá-la, dar-lhe sentido, buscar a compreensão. É a energia que acumula vida, cultura, experiência, aprendizagem, ousadia, criatividade e conhecimento. Os neurônios também aprendem a descartar o inútil, o imprestável, e apaga tudo que não serve para nada. Ainda bem, não é?

Disse sorrindo:

– Em minha declaração de princípios o sentido de vida está na ciência, essa é a verdade e acredito que a ciência seja a verdadeira realidade.

É isto! Ciência e realidade é uma falsa contradição, a realidade é a ciência – disse sorrindo. Ela é algo que me faz esquecer que tenho que sobreviver.

Não é que eu goste de tudo que leio sobre ciência, mas quando observo um artigo penso que por trás existe um pesquisador que trabalhou muito para publicá-lo. Sempre expresso que nesta vida quando gostamos de um trabalho científico devemos estar consciente de suas limitações e buscar nos dados o que mais nos agrada. Além disso, vive-se tão pouco que o mais interessante é tratar de armazenar somente as coisas boas, para ser mais feliz e desfrutar do que se gosta. O estresse acaba com a gente.

Com muita emoção finalizou:

– Gostaria de dizer-lhes que o momento que estou com vocês é importante e de muita felicidade. Emociona-me conviver e relacionar com pessoas tão jovens e interessantes, e que vão trabalhar para o futuro da ciência em nosso país. E vocês sabem que na vida somente importa as relações verdadeiras e emocionais. Não vale traições! O diálogo, a vontade e a dedicação se convertem em aprendizagens adicionais e ressaltam o papel dinamizador na tarefa de orientador. Tudo o mais é menos importante, é acessório, é descartável. Tudo o mais passa pelo cérebro como um pensamento que não se fixa, pois é dispensável. Para finalizar gostaria de dizer-lhes que ultimamente estou rebaixando um pouco o ritmo, mas acredito que realizar pesquisa científica me faz mais jovem. É uma forma muito excitante e criativa de viver.

Tenho feito os melhores trabalhos após meus 60 anos, especialmente nos últimos três anos. É lindo sentir que cada ano que passa, novas ideias faz a ciência mais fascinante. É bom trabalhar com pessoas inteligentes e talentosas, bem como dividir o espaço do laboratório, meu dia a dia, humor e os artigos com vocês. São vocês que têm-me ensinado a viver.

A orientada mais agitada e frenética do laboratório, nervosa como sempre, perguntou de supetão:

– "Mestre", você está impossível hoje. Está tranquilo, cômico, provocador, eclético, irônico, pirotécnico e elegante. Uma pessoa como você,

AS FONTES DE INSPIRAÇÃO

cientista e intelectual, não sente certa nostalgia de sua vida fora do laboratório? Ir à praia ou ao cinema sem preocupação? Tomar banho de cachoeira ou escalar montanhas? Você vive trabalhando, pô?

Ele respondeu com a tranquilidade de sempre:

– Eu não sou somente os adjetivos que você relata. Já foi dito por Nietsche: "Há que se viver na ilusão, sem isto, a vida é insuportável." Nessa minha vida há muita luta contra a tristeza. Há muito tempo tento romper com a nostalgia. Às vezes fico debilitado e melancólico, mas são momentos temporais. Eu não me considero um intelectual que vive de tristeza, sou um cientista. Encontrei no laboratório e na ciência o refúgio que não encontrava tão perfeito no cinema, na praia, ou nas montanhas. E a ciência toma muito tempo da gente. Um cientista é como um atleta, o segredo da vitória está no treinamento. O esforço para conseguir algo em ciência deve ser o suficiente, mas, para não ficar a passos de tartaruga, deve ser contínuo. A ciência é como uma maratona e não uma corrida. O segredo é ter resistência, paciência e regularidade. Não se pode participar de uma maratona correndo o máximo nos primeiros 500 km e depois ficar para trás.

Às vezes, o intelectual compartilha com o cientista a mesma visão sobre a sociedade e a cultura. Creio que é compatível comer um sanduíche às pressas, como vocês estudantes fazem, porque uma experiência está acontecendo no laboratório, e ler Jorge Amado ou Guimarães Rosa em um dia de calma, ou ir ver uma peça de teatro num final de semana, ou tomar banho de praia num dia de calor. Também faço isto só que somente de vez em quando.

***

A escrivaninha repleta de papéis bagunçados, caneca de café e artigos científicos e umas minúsculas notas cravadas em papel amarelo mostram a criatividade "enfebrecida" que ocupava seus dias. Ele sempre está rodeado de anotações, livros, protocolos, resultados e manuscritos sendo redigidos. Adora ler artigos e isto requer maturidade para compreender os detalhes que se encontram nas entrelinhas. Entre a bancada e o experimento não deve haver fronteira. A ciência é sua vocação, devoção, para a qual sua dedicação é constante. Ela é o equilíbrio que lhe permite estar alegre e feliz e lutar contra a melancolia. Do contrário ele se sente uma pessoa amargurada, entristecida, angustiada, pesada. Tipo assim, como uma pessoa em que a emoção deva ser representada por uma lágrima, uma dor ou um profundo silêncio!

– E o que a ciência lhe tem dado? – perguntou o estudante de mestrado com uma aparência cheia de dúvidas.

Ele retorquiu:

– Uma imensa felicidade, pois me faz pensar, sentir, refletir, compartilhar, ponderar, coexistir, conviver, conhecer coisas novas, viajar no mundo dos sonhos e das fantasias. Tudo isto permite que seja uma pessoa melhor do que se tivesse dedicado a outra atividade profissional. É inebriante e um vício estar no laboratório onde às vezes a confusão ilumina e a claridade traz angústia. Acho que vocês estão começando a entender isto.

Para nós estudantes, a razão do porquê o "Mestre" vibra e se fascina com os nossos resultados é porque nos ajuda a pensar nos próximos passos, experimentos e a vislumbrar o futuro, o novo. Os conhecimentos gerados pelos livros ficam cada vez mais defasados e distantes. É espetacular a emoção da descoberta, quando a gente encontra algo que ninguém conhecia antes. Mesmo que ainda o novo resultado não seja totalmente desconhecido, começamos a sentir de onde ele surge e a importância de estar atento à beleza da descoberta.

Ele sabe perfeitamente que seu trabalho como orientador consiste em ajudar os estudantes a se liberar, mergulhar em um trabalho consciente e com emoção, e evoluir passo a passo na nova do desenvolvimento do conhecimento. De lá vem as melhores ideias que geram algo de relevante

AS FONTES DE INSPIRAÇÃO

e original. No fundo, nosso orientador permite que a imaginação voe para que flutue com liberdade total, porque ela nos leva para caminhos inesperados e a encontrar soluções que ontem pareciam impossíveis de resolver. Aliás, a essência de sua liderança no laboratório é saber ouvir os estudantes e pesquisadores e ter as sugestões necessárias para aqueles momentos.

Como diz o "Mestre":

– Devemos passar a página, para continuar lendo o livro, senão nunca chegamos ao final. Não se faz ciência para tirar as dúvidas, e sim para penetrar ou afundar nela, ou criar mais dúvidas. As soluções são sempre parciais.

E continua:

– Uma vez estava lendo um livro de ciências de 1980 e fiquei confuso. Numa primeira leitura verifiquei que lá dizia que a fusão nuclear é a energia do futuro, ou que está procurando entender o Big Bang, curar definitivamente o câncer ou o Alzheimer, em verificar como brota a consciência humana, ou saber qual foi a origem da vida, etc. No livro também li que, nos princípios de 1960, os cientistas que estudavam o funcionamento dos seres vivos em nível molecular fizeram uma grande descoberta: as primeiras estruturas tridimensionais das proteínas – mioglobina e hemoglobina, ambas envolvidas no transporte do oxigênio nos seres vivos – ou seja, mostravam pela primeira vez a beleza atômica e a complexidade funcional de uma molécula. Sem dúvida, compreender a estrutura cristalina das primeiras proteínas foi muito difícil. Os métodos tiveram que ser descobertos e refinados passo a passo: cristalização para obter dados de alta qualidade e resolução de fontes de raios X da época, desenvolvimento de métodos químicos, matemáticos e computacionais (nos primitivos computadores daquele tempo) para produzir mapas de densidade eletrônica e, finalmente, a construção dos modelos moleculares. Logo depois pensei: mas o livro não toca em assuntos como energia escura, aquecimento global, HIV, células-tronco, gripe suína, epigenética, nanotecnologia, vacina de DNA, ressonância nuclear magnética, DVD, células fotovoltaicas, satélite espacial, cromatografia de alta resolução, sequenciamento de proteínas e de genes, etc.

A fase mais "gostosa" do livro foi quando comecei uma leitura mais detalhada e fui encontrando no texto, quando comparamos o que se conhecia naquele tempo e o que sabemos agora, numa linguagem ainda primitiva, explicações sobre o Universo, aquecimento global, energia renovável, diagnóstico molecular, metaboloma, proteoma, clonagem, biologia sintética, biologia estrutural, estrutura de proteínas, tratamentos inovadores, etc.

***

Veja este trabalho recente de Craig Venter e seu grupo, que foi publicado na revista *Science*. Os autores sintetizaram um genoma da primeira à última base nitrogenada e inseriram no *Mycoplasma mycoides* cujo genoma natural tinha sido retirado. O genoma sintético passou a controlar a divisão celular desta célula que passou a ter o nome de *Mycoplasma mycoides JCVI-synt1*. Essencialmente, o grupo sequenciou o genoma da bactéria, depois fez a síntese deste genoma em "tubo de ensaio", e recolocou o genoma sintetizado na bactéria sem o genoma natural. Este genoma sintético controlou a biologia da célula, e após várias gerações (divisões da bactéria) as células eram idênticas àquelas naturais. Ou seja, criou-se, pela primeira vez, uma célula controlada por um genoma sintético.

Parece que se está abrindo um caminho para fazer engenharia ou planejar organismos em um nível nunca imaginado. Estamos entrando em um período de mudança de paradigma científico. As pessoas de minha geração foram formadas com a ideia de que primeiro se tem uma hipótese e depois se deve prová-la. Agora, com os avanços tecnológicos, como a biologia molecular, sequenciamento de DNA, RNA e proteínas, nós devemos analisar dados biológicos sem preconceitos. É uma transforma-

AS FONTES DE INSPIRAÇÃO

ção filosófica difícil de digerir, porque não fomos educados para ver o inesperado. Mas neste trabalho fica claro que Venter não criou a vida. Ele somente fez um avanço tecnológico interessante, mas seus dados não têm implicação sobre a origem da vida. Tanto é assim que quando o perguntaram sobre a fronteira dentre a vida e a matéria inerte ele respondeu: "Está na sequência de DNA. Às vezes em muitos, ou mesmo em alguns, ou podem consistir somente na mudança de uma base (letra). Por exemplo, em nossa primeira tentativa de construir um genoma sintético não funcionou e comprovamos depois que a razão foi somente um erro, uma só letra que faltava em uma sequência de um milhão de bases. Neste caso, essa letra supõe a diferença entre o vivo e o inerte." Os genes dos organismos são tão diversos que todos os projetos tecnológicos atuais se baseiam em modificar ou recombinar genes já existentes. Ainda não se pode criar um genoma a partir do zero. Pode-se sim escrever genomas que não existem na natureza baseando-se em genes naturais em novas combinações, ou genes naturais modificados artificialmente.

***

É difícil prever o alcance de tecnologias como estas, mas algumas perguntas importantes ainda necessitam de respostas: qual o genoma mínimo para sustentar a vida? Existem sequências genéticas que definem o limite entre o vivo e o inerte? Este reducionismo pode afetar o conceito de vida que temos hoje? Mas não resta dúvida de que este é um passo científico importante. É evidente que a sociedade observaria com simpatia bactérias ou algas que produzissem biocombustíveis, reduzindo a dependência do petróleo e sua contaminação na natureza; ou um micro-organismo que fixasse CO_2 e o convertesse em hidrocarbonetos, utilizando a energia da luz solar, ou projetos que buscam acelerar a produção de vacinas ou melhorar certos componentes do alimento, ou planejar organismos que limpem águas contaminadas, e tudo mais. Mas devem-se estudar tanto os potenciais benéficos como de riscos desta metodologia para a medicina, meio ambiente, segurança e saúde. É necessário debater amplamente, o quanto antes, o problema gerado pelo uso desta metodologia. Espera-se em breve uma série de recomendações para assegurar o desfrute dos benefícios deste campo de pesquisa considerando-se as fronteiras éticas e minimizando-se os riscos desta tecnologia. Este descobrimento termina com a crença básica de que a natureza da vida nada tem a ver com o conhecimento de nós mesmos, mas não significa que vamos produzir nova vida a partir do zero.

***

Este assunto é polêmico e o problema maior começa com a possibilidade de Venter querer uma proteção intelectual deste processo. Aí começa as encrencas e as dúvidas. O requisito básico para poder patentear um material biológico está na diferença entre o descobrimento e a invenção. Neste caso, o cientista não inventou e não descobriu nada. Ao fazer o genoma sintético semelhante ao natural, ele copiou a natureza. Assim, pela lógica, o *Mycoplasma mycoides JCVI-syn1* não está sujeito à patente. Mas o limite desta manipulação ainda não está claro. Em princípio, não resta dúvida de que se pode patentear o genoma de um micro-organismo produzido no laboratório. Mas este deve ser modificado do genoma original. O próprio Venter recomenda a introdução de marcas específicas no genoma para que diferencie esta bactéria manipulada da natural. Outra questão são as objeções éticas que podem surgir no caso de futuras bactérias sintéticas que possuam genes potencialmente perigosos – o que não é o presente caso. Esta fronteira não é rígida nem delimitada e suscita dúvidas e questionamentos.

Há mais de vinte anos, no início da biotecnologia, se permitiu a patente de genes, inclusive humanos. Os EUA já invalidaram a proteção patentária concedida a um laboratório pelo seu descobrimento de que os genes BRCA estavam implicados no surgimento do câncer de mama nas mulheres. Isto se deve à mudança de opinião das autoridades que concluíram que isto era um descobrimento e não uma invenção. Seria como alguém patentear uma espécie de animal visto e descrito pela primeira vez. Ou como Venter, que passou anos buscando micro-organismos por inúmeros oceanos e aguardando que pudesse patentear as bactérias, vírus, algas e protozoários que descobriu nestas viagens pelo mundo afora.

***

É de uma beleza imensa manter-se atualizado com o progresso científico, fazer parte desse desenvolvimento, assimilar o que consiste nas explicações racionais da vida, como as que foram descobertas no passado, as que estão sendo exploradas no presente, e como elas transformam nossa sociedade com mais profundidade. A ciência nos une como ser humano, nos engrandece e nos faz mais feliz. Mas temos que fazer "as coisas" melhores. Elas já estão boas, mas podemos sempre fazê-las ainda melhor! Precisamos ter mais velocidade no tempo e no espaço para converter a intenção em realidade científica e produtiva, e com isto melhorar a vida na sociedade contemporânea.

Com a paciência que somente algumas pessoas possuem, ele continuava explicando:

– Outro ponto a ser considerado é a escala. O presidente da Capes, Jorge Guimarães, sempre ressalta que a falta de trabalhadores qualificados se agravará com o desenvolvimento demográfico, especialmente na área da engenharia. Por isso não podemos ficar satisfeitos com a produção de 10 mil doutores por ano em nosso país. Devemos produzir de 20-30 mil doutores por ano, e posteriormente alcançar a "sustentabilidade" nesses objetivos, pois ela necessita de massa crítica e cientistas líderes que devemos produzir rapidamente. Poderemos atingir isso? Claro que sim. Por outro lado, nossa produção científica tem aumentado tanto em quantidade (isto é bem conhecido) como em qualidade (isto é menos reconhecido, mas inúmeros pesquisadores brasileiros e do exterior têm demonstrado). Mas, nosso sistema de ciência e tecnologia é ainda muito frágil por variadas debilidades internas, como mudanças políticas e de prioridades governamentais. Mas não resta dúvida de que este sistema é uma nova fórmula de democratização.

Ora, desde os tempos de Galileu e Newton a ciência vem produzindo uma massa imensa de conhecimento, e isso é somente uma pequena parte do que imaginamos que será produzido no futuro. De maneira alguma chegamos ao final de nossa tarefa, pelo menos não na ciência, onde apenas começamos a compreender a complexidade do sistema biológico. Seguiremos precisando da curiosidade, da criatividade, da inteligência, do rigor científico, da constância e da inesgotável vontade de cada vez conhecer mais, para continuar a fazer de nosso país uma sociedade mais amigável e feliz. Ou seja, a ciência sem ambição e sem rigor não leva a lugar algum. Para continuar esta tarefa precisamos de mais cientistas, engenheiros e outros bons profissionais para trabalhar nesta sociedade do futuro.

***

Lembramos de um dia claríssimo com o sol iluminando as árvores dos jardins do instituto sem transmitir calor, onde vimos o "Mestre" descabelado, barba por fazer. A roupa simples e amarrotada como papel revelava a noite anterior mal dormida no laboratório, vagando a esmo, olhar desconcentrado, às vezes, meio perdido, como um lunático, olhando as plantas, flores e passarinhos. Quem vê este personagem aos arredores – coisa difícil, porque quase não sai do laboratório, salvo para ir ao banco – seguramente acharia que era um estranho ao *campus*. Mas lá estava ele! Talvez vendo mais que seus olhos!

AS FONTES DE INSPIRAÇÃO

Nossos sentimentos estavam maravilhados com aquela visão que mostrava sua amabilidade com a natureza. Aquele nosso contato surpresa com ele se convertia em timidez envolvida em um silêncio acalentador, mas que deixava claro sua paixão pela vida, pela natureza. O caminho que conduzia aos arredores do laboratório representava a metáfora de sua existência, sua obsessão, à investigação experimental. A caminhada que realizava era sensível e contundente e mostrava a sensibilidade e a consciência científica à flor da pele. A ciência era uma de suas riquezas. Era uma visão única que brilhava em seus olhos.

Perguntamos a ele, com a pertinência cabível naquele momento, o que estava fazendo por ali. Ele respondeu com uma tranquilidade incrível que estava somente passeando e observando o mundo que cercava o laboratório e "tomando" um pouco de sol.

– "Mestre" nós nunca o encontramos assim, divagando e meio perdido pelo *campus*!

Falamos surpresas e com um tom necessário para aquele momento!

Com o rosto iluminado, que refletia tudo que estava observando naquele espaço, sua resposta foi delicada, sua voz transmitia cortesia e o tom era mais do que delicado e amável:

– Não se preocupem, é algo que tem a ver com a liberdade, com a criatividade. O negócio é a criatividade. Vivemos em um mundo determinado pelo trabalho cognitivo. A aliança da sensibilidade e os cérebros são fundamentais. Agora todos têm que ser criativos.

***

Nesta noite não consegui ir para casa. Fiquei no laboratório resolvendo problemas. Nada melhor do que um dia ensolarado como este, onde o verde reflete nos olhos e nas folhas, para relaxar as tensões. Caminho em momentos distintos para distender os músculos, mas também para encontrar alguma solução para as experiências que acontecem no laboratório.

SIMPLESMENTE... CIÊNCIA

Estou sempre pesando nos resultados dos experimentos que estão sendo realizados. Aliás, vejo no laboratório uma pluralidade e multiplicidade de ações, tolerância, diálogo, debate, mas também espaço de tomadas de decisão. Também observo que tenho que passar para vocês três pontos: o primeiro é inteligência científica ou artística. É fundamental. Depois, a habilidade e o desejo de trabalhar muito que requer grandes sacrifícios na bancada do laboratório. Assim é que vocês vencerão na ciência. E o terceiro é o mais difícil: ser criativo. Alguém me disse que isto é um dom, um talento. Acredito, mas penso que isto depende também de muito estudo e muita emoção científica.

O país precisa de bons cientistas e pesquisadores, que tenham alta formação científica e educacional e alto espírito de dedicação à causa, principalmente àquela relacionada à formação de novos pesquisadores. Temos que formar discípulos que nos superem nos avanços científicos. Isto é ótimo, pois esta é a garantia de um futuro promissor para a ciência de nosso país.

Mas a formação de cientistas é um processo lento, que pode durar, em média, 12 anos, desde a graduação e pós-doutorado até a consolidação de sua carreira com colocação em uma Universidade ou em um Instituto de Pesquisa. A consolidação do trabalho de um jovem cientista é importante, mas vai além do ponto de vista da estabilidade no trabalho, já que o requisito imprescindível para que alcance a independência científica é a formação de um grupo de pesquisa próprio para poder desenvolver suas ideias. Estamos em um período de crescimento da ciência brasileira em termos de financiamento, novos tipos de bolsas de pesquisa e formação de recursos humanos. Esta realidade já foi descrita em revistas de prestígio internacional como a *Science* e a *Nature*. Não resta dúvida de que isto é o aumento de jovens talentos nos laboratórios que levam ao êxito e ao aumento da competitividade. O futuro do país depende de nossa capacidade de atrair e reter os novos talentos.

É nisto que estou pensando agora. Nesta caminhada, penso em uma ciência crítica, mas não militante, livre, mas não antagônica e incompatível. Ou seja, que permita, estimule e respeite a pluralidade da ciência e ajude nas necessidades de nosso país. Quem pensa como sectário do dogmatismo já perde o sentido do conjunto organizado de conhecimentos. A ciência necessita de uma cuidada acumulação de saberes, formação rigorosa, bons orientadores, méritos e muita vontade, não é verdade? A formação de recursos humanos exige garantias intelectuais e morais, de entendimentos e perspectivas de futuro. Um jovem que faz opção por dedicar sua vida à ciência necessita de muito apoio, arrojo e esperança no futuro. Minhas caminhadas pelos jardins do Instituto me dão inspiração para seguir em frente e me mostram se a trilha que estou seguindo está correta ou não. Elas são imprescindíveis ao meu modo de viver.

O "Mestre" enriquece nossa identidade e estimula a criatividade das novas gerações de estudantes. É como olhar o futuro, tateando, como cego, pelo presente, e reconhecendo a importância do passado. Nós, estudantes, vemos que, apesar de todo o contratempo político, em sua geração a realidade da ciência e da cultura do país tinha melhorado muito e marcou os objetivos básicos da vida científica atual. Os cientistas estavam presentes nos debates públicos, em particular nas Universidades e nos Institutos de Pesquisas, levando a medida de suas possibilidades, consciência crítica à análise dos processos sociais e políticos. Isto é necessário retornar. Precisamos manter a aposta da sociedade do conhecimento também em ciência e transferência de conhecimento, como garantia para uma sociedade de bem-estar e, sobretudo, uma sociedade democrática, livre. Necessitamos socialmente da mudança para uma sociedade inovadora e da convergência educativa, científica e tecnológica com os países mais avançados. Para seguir este caminho é preciso coerência.

Em todos os países, a ciência tem sido sempre um instrumento de controle social. Mas é difícil. Depois de dois mil anos de civilização cristã, 300 anos de Iluminismo, 100 anos de Abolição oficial da Escravatura, temos muito ainda o que fazer para recuperar os objetivos sociais, aumentar a crença no Estado, nos valores éticos e dirimir a crise dos valores morais. Daí a importância do cientista que é formado para identificar e assumir os pilares sólidos que são necessários para o desenvolvimento social. Depois, naturalmente, o conhecimento, os esforços de fazer, a sensibilidade de executar, a imaginação de ver o mundo e o talento também possuem um papel muito importante nesta tarefa.

***

Ser cientista é viver em um processo lento, quase crônico, mas que tem algo de visionário, de futurista. Os cientistas têm metas que marcam a realidade da inspiração e do conhecimento. Também têm projetos falidos, sonhos e desenganos criativos mais irreais. Mas, não há que ter medo de criar, arriscar e cometer erros. Nenhum experimento é um fracasso total, no mínimo serve como um exemplo do que não se deve fazer! Ser visionário nesta hora também é importante. Assim nascem a sofisticação, a imaginação, a originalidade e o talento de encontrar novas maneiras de pensar, novos rumos do conhecimento, bem como dos seus papéis fundamentais na ampliação dos limites de realização científica para a sociedade. Os cientistas nunca controlam o êxito ou mesmo o fracasso de seu trabalho publicado. Às vezes, um trabalho "apagado" volta a "brilhar" de novo. Sempre buscam excitações novas, teses a se abraçar, flertar com o original é sempre uma provocação, uma tensão a mais em sua vida. Não resta dúvida de que os artigos implicam em riscos enormes e também em fracassos que podem ser ocasionais, mas o resultado no final é saudável, enriquece e soma na experiência de sua vida científica e professoral.

***

O "Mestre" era descendente de família mineira e ouvia de seus pais que se deve dormir umas oito horas por dia. Sempre fala para nós que isto é perda de tempo, pois representa um terço de nossa vida na cama e inconsciente! Isto é muito tempo sem fazer nada. Por isso ele dorme pouco, muito pouco mesmo! Achamos até que às vezes tem que "abanar" à noite para tirar um cochilo para poder sonhar. Sonhos também alimentam a criatividade. Assim, ele se tornou um especialista em "ninar" à madrugada e se mover no silêncio da noite. Não quer variar o trem da vida que o leva como pesquisador e orientador nem deixar o laboratório. Com os inevitáveis anos que passam, o "Mestre" quase não dorme e começa a chegar cada vez mais cedo no laboratório. Ele sabe que uma maneira diferente de viver a ciência é permanecer um bom tempo sozinho – o que ele faz nas madrugadas criativas – e a convivência com as pessoas do laboratório quase sempre atormentadas e ansiosas com os problemas científicos que a vida lhes traz. Ele tem aquela intimidade que mostra que, mesmo entre as diferenças culturais existentes, seus alunos são capazes de dialogar sem perder a identidade individual e colaborar uns com os outros. Ele nos transmite que é possível desenvolver uma utopia, divertida, apaixonante, com um grande rigor e um alto nível científico. Basta para nós estudantes acreditar nos argumentos e seguir em frente!

Como bom mineiro, ele defende o trabalho conjunto, e mostra que a colaboração mútua e dedicada entre o pessoal do laboratório acelera os experimentos, incrementa a convivência e o compartilhamento do conhecimento desenvolvido por todos. Sabe que as relações com seus estudantes são saudáveis e benéficas, mas que pode estressar, de vez em quando, pois somos animais sociais. Junto com ele aprendemos que o apropriado no laboratório é dialogar, brigar, sorrir, alternar, chorar, amar. Por vezes estar bem com o seu grupo proporciona tanto ou mais benefício para sua saúde que o próprio exercício físico.

Estar com os estudantes tencionados e nervosos o deixa debilitado, frágil, sensível, e por vezes até com olheiras. Mas é capaz de sentir as histórias que contamos para ele, pois observa que alguém tem que mostrar interesse pelos nossos problemas. Nunca perdeu a sensibilidade perante os estudantes. De vez em quando para sairmos das crises, ele tem mesmo que usar mais de firmeza conosco. Daí cresce a emoção, o sentimento aflora, a entrega aparece junto com o coração, a lágrima restabelece a dignidade, surge a paixão que ressalta o seu lado humano revestido do pessoal. Admiramos o seu racionalismo, às vezes até exagerado demais. A gente chega arrasada e sai com uma fé infinita. Este é o "Mestre"! Ele parece um "homem de ferro" quase sempre banhado em lágrimas! Note-se que ele diz que nas pessoas sentimentais, às vezes, as lágrimas são invisíveis, escoam por dentro, mas que uma dessas lágrimas vale mais que muitas palavras.

***

Nós, orientados, falamos que ele sempre ouve nossos problemas e angústias, escuta os nossos sonhos, fantasias e devaneios, desesperos e desesperanças, e tem sempre algo de bom para nos dizer, mas às vezes também se entristece. Mas ele não deixa as coisas escoarem como água nas mãos ou ocorrerem simplesmente. Ele nos quer seguros, fortes e cheios de esperança e vitalidade. Sempre nos diz que nosso sistema emocional e o criativo devem estar conectados o tempo todo e que o vital é manter a fé em nossas emoções e sentimentos e na busca da verdade que não existe, mas que às vezes está tão perto de nós. Na realidade, o "Mestre" acredita que as conversas, que às vezes levam para situações emocionais extremas, se mostram essenciais para a compreensão e o esclarecimento dos problemas pessoais e do laboratório, pois não há espaço para mentira, falsidade e ludíbrio. A verdade sempre fica presente e prevalece. Nós sentimos juntos até chegar a se entender como almas, pessoas, seres humanos. Às vezes, sentimos como em um laboratório deserto. Mas quando nos lembramos disto, o espaço de trabalho volta a ser explorado. Mas tudo isto vale a pena! Outras vezes, temos que estar predispostos a ficar sempre com os colegas. Como sempre dizemos: O "Mestre" de jeito algum pode ser considerado qualquer um, um indivíduo que se encontra facilmente ou um rastaquera!

O PROFESSOR: A PROCURA DE MÉTODOS

O "Mestre" além da atividade científica também é professor. Não dá para ter uma vocação de cientista sem ter a de professor. Transferir e gerar conhecimentos são os pontos comuns. Tem a convicção de que a formação integral do ser humano necessita de uma compreensão razoável, do entendimento mútuo, da coesão "caótica" e da beleza de um sistema elaborado. As transformações inovadoras dos modelos de aprendizagem e criatividade devem revisar-se constantemente para tentar resolver as perguntas que os albergam. A ciência por seu espírito renovador adquire maior contundência, pois é precisamente a ciência um fator desencadeador da mudança no ensino tão necessária no mundo de hoje. A sala de aula é um espaço físico que fomenta o contato entre indivíduos, propiciando o seguimento coletivo da aprendizagem, imaginação e ativando lugares alternativos para a convivência salutar e confiável.

A educação atual está matando a criatividade. A aprendizagem normalmente está baseada na obrigação e isto não faz sentido. Se uma criança não aprende não é porque ela não é inteligente, e sim, porque o professor não ministra a aula de forma correta. Existem novos tipos de inteligência em função do que cada um precisa compreender. Numa reflexão simplista chega-se à conclusão de que a educação da atualidade não pode ser conservadora, pois isso leva a um terrível efeito social destruindo valores, formas de vida e de convivência. O sistema educativo deve mudar. Tudo começa com a educação, esse "ente" metafísico em que nunca vamos estar de acordo, pois queremos sempre melhorar. A comunidade científica busca uma nova maneira de ensinar que se adapte às novas gerações que são influenciadas pela tecnologia, pela sociedade globalizada, e, acima de tudo, que não "castre" a criatividade. A educação é a aposta no futuro. As crianças bem-educadas mudarão o mundo. Educar não se limita a colocar as crianças na escola. Educação é conseguir pessoas que entendam e possam melhorar a sociedade.

***

Numa manhã nublada, quando os estudantes chegaram ao laboratório, observaram que o "Mestre" estava entusiasmado com um tema sobre educação. É claro que depois de darem bom-dia, a primeira pergunta de uma aluna foi:
– "Mestre" o que houve, por que está tão alegre, energético e vibrante?
A resposta veio na mesma tonalidade, cheia de entusiasmo e euforia, e ele disse:
– É tempo de utopia da educação e essa utopia deve-se revestir e se recobrir de ciência e renovação do sistema educativo como chave para chegar a um novo modelo produtivo. A ideia é tão fácil de propor como difícil de levar adiante. Ciência e educação são as duas faces de uma mesma moeda. Por isso se necessitam e se encaixam! Não canso de declarar a paixão pela ciência e pelo ensino. Sempre digo que a ciência e o ensino são minhas prioridades, meu compromisso pontual com a sociedade que financiou meus estudos! Equivocam-se quem crê que a arte de minha dedicação à ciência e ao ensino é opaca, algo turva e velada. Ela pode ser prudente e discreta, mas está acima de tudo. Vamos aproveitar este momento e utilizar a arte como um instrumento para introduzir conceitos

científicos nas mentes mais receptivas. Quando observar um fenômeno biológico sinta a curiosidade pela arte que está atrás dele. Considere-se sempre um privilegiado, porque a ciência permite que veja todos os dias coisas novas e originais. E mais, necessitamos pesquisar muito e elaborar um tipo de conhecimento que seja propriedade e que esteja à disposição da humanidade, ou seja, que seja acessível a todos. Deve-se incorporar a pesquisa ao ensino não somente no sentido de atualização do conhecimento, mas também para prever o que virá. Estamos precisando sempre da ciência.

Não entendo esta atividade como o afã de competir com os colegas nem de se sobressair a qualquer preço. Ao contrário, para cumprir meu social trato de superar e tirar o melhor de mim mesmo de todas as maneiras. Sei da impossibilidade de expressar todo meu potencial e isto me produz um grande sofrimento intelectual, pois quero dar minha alma à ciência e ao ensino. Sabe-se que a ciência é afinada, harmônica, natural e emotiva, mas devemos utilizá-la no ensino, senão algo fica faltando!

***

Viajando em um passado mais distante, de maneira atraente e saudosa, o "Mestre" continuou:

– A educação do século passado e do início do atual foi baseada no sistema educativo da era industrial criado para responder às necessidades daquele momento. Até a arquitetura das escolas daquela época lembrava a de uma fábrica. Sempre recordo e repito a frase: "Se avaliar o professor tem que aumentar a nota do aluno." Lembro-me do Grupo Escolar que estudei. Este sistema se acomodou no tempo e hoje representa uma visão muito estreita da educação, principalmente por ter deixado de lado os sentimentos, as emoções, os conflitos.

Nós entramos nesta discussão na Universidade Rural formando ideias desenvolvidas nos quarenta anos finais do século passado pensando na inovação do ensino. A maioria delas foi elaborada durante a época de minha formação científica. Isto significa revelar como foram determinados professores, colocar-se no lugar de outros colegas, compreender o outro e às vezes assumir ser o outro. Eu tive a felicidade de começar a vida científica com Fernando Ubatuba e Jorge Guimarães. As raízes de minha ciência estão na formação que tive com estes dois cientistas que eram de gerações diferentes, mas fazem parte da história da ciência brasileira. Sempre me lembro das conversas nos corredores do Instituto de Química da Universidade Rural onde aprendia de tudo, inclusive que as estrelas constituem verdadeiras fábricas de transformação nuclear, onde a matéria primordial forma núcleos cada vez mais complexos. Eu ficava encantado em aprender que, mediante episódios mais ou menos explosivos, as estrelas devolvem parte deste material processado termo de temperatura nuclearmente ao meio interestelar, para gerar novas estrelas, enriquecidas progressivamente em materiais mais pesados que o hidrogênio e o hélio. Nestes processos nucleares que ocorrem nas estrelas nunca haviam aparecido as moléculas básicas da vida que conhecemos. De fato devemos nossa própria existência a uma combinação improvável de fatores, entre outros, a existência das estrelas.

Ubatuba difundia que a ciência era um elemento de transformação e de cidadania. Hoje, infelizmente, estamos manipulados por interesses políticos e econômicos. O silêncio da juventude atual não é consequência da repressão, e sim a indiferença e o desengano. Por que os espaços críticos desapareceram? Por que a autocrítica – a mais difícil de todas – não é estimulada? Temos que amparar e valorizar o pensamento livre e oferecer um espaço heterodoxo para a ciência e a arte. Em um mundo que cada vez valoriza mais a especialização e a segregação, a amplitude livre da ciência é cada vez mais necessária. Quando começo a lembrar destas coisas reconheço que sou um veterano, mas não um velho.

***

O PROFESSOR: A PROCURA DE MÉTODOS

A maioria das reflexões que tivemos neste período continua válida no Brasil de hoje. Quase todas eram baseadas em uma ferramenta eficaz para promover entre os mais jovens, o interesse pela ciência e pesquisa, e abrir uma estrada dinâmica que capitalizasse o talento das novas gerações. Isto mostra que as mudanças no sistema educacional são lentas e dolorosas. É difícil afrontar os novos tempos educacionais sem também analisar criticamente o passado do ensino até nos anos recentes, sem uma decisão de mudança de rumo. Enfrentar isso o mais rápido possível é nossa obrigação. Não se podem idealizar uma ciência e uma educação futurista que pareçam antigas, coisas de um passado remoto. Tem que transformar a forma de ensinar, porque a tecnologia está modificando o funcionamento do cérebro das crianças e dos adolescentes atuais. Deve-se imaginar que a ciência e a educação podem até discutir problemas do passado, mas é conveniente pensar no presente e formar pessoas para o futuro.

E continuou com sua energia habitual:

– A educação, como chave do desenvolvimento, tinha sido subestimada até os anos de 1960. Nosso grupo da Rural pensava na educação do século XXI. Educação para o desenvolvimento, mas também para a inclusão social. O lema era educação para formar um bom profissional. O sentido de equidade e social dominava nossa maneira de ser. Nossas ideias vinham de nossas origens, ou seja, de classes desprivilegiadas e sacrificadas, que estudavam em escolas e internatos públicos. Sabíamos que a educação nos dava chance de ter uma carreira no futuro e que os resultados não viriam em curto prazo. Estudávamos muito. Queríamos ser melhores que nossos pais. Hoje meus pais diriam: "Eduque uma criança que no futuro o país será melhor" ou "o caminho é construir um novo modelo econômico baseado no conhecimento, na inovação e na formação" ou "a educação de hoje é o PIB de amanhã".

***

Naquela época existia uma esperança em nossos passos e em nossos corações. Necessitávamos de um sistema educacional que criasse oportunidade e segurança. Precisávamos de pesquisa e desenvolvimento que levassem a inovação prática e pragmática para soluções dos problemas reais do país. Uma das questões principais que nós vivíamos era resolver que os professores dessem conta do trabalho docente, que era intenso, e da pesquisa no laboratório. Era fundamental uma convergência acadêmica entre ciência e ensino para estimular a mobilidade da graduação e da pós-graduação. Tínhamos que fazer um esforço para enfrentar as carências de recursos para fazer pesquisa e atrair estudantes. Acreditávamos que a verdadeira grandeza consistia em ser grandioso nas pequenas coisas que podíamos realizar. Queríamos condições para aumentar o número de estudantes no curso superior e formar uma nova cultura "consciente e com ciência". Se não investíssemos nessa utopia as dificuldades aumentariam no futuro e nossos sonhos tão intensos não seriam atingidos.

Era nessa educação que devíamos acreditar e nos envolver. Era ela que faria nosso país melhor. Tínhamos que formar profissionais flexíveis, mas competentes, mais críticos, mais analíticos. Naquele tempo, os desejos eram mais radicais, mais perfeitos, mais vividos e sentidos, do que são hoje. Mas não adiantou, porque nossos sonhos não levaram às mudanças que esperávamos. Hoje a gente faz o que pode e sente que neste processo é difícil, moroso e trabalhoso. Usa-se a tecnologia moderna de ensino como arma didática. Mas ela é somente uma parte e não é a ferramenta mágica que vai resolver todos os problemas.

**

Em um lanche que acontecia no espaço de alimentação no andar térreo do prédio do laboratório, que a bem da verdade o "Mestre" raramente frequentava, uma de suas orientadas expressou:

O PROFESSOR: A PROCURA DE MÉTODOS

– Os estudantes querem aprender o que está acontecendo e não somente o que alguns professores infelizmente repetem, anualmente, em sala de aula. Você nos ensinou que aprender significa transformar o conhecimento. Esta transformação ocorre através do conhecimento ativo e original do aprendiz. Esta educação implica na experimentação e na solução de problemas, e também melhor compreensão quando estão envolvidos tarefas e temas que lhes chamam atenção. A relação entre o aluno e o professor é vital. Se eu transmito um conhecimento a alguém, sigo mantendo-o e aprendendo algo ao ensinar. Por meio dele se desenvolve os conceitos de igualdade, justiça e democracia e progride a aprendizagem. Não é o esquema tradicional onde os professores ensinam e os alunos simplesmente "aprendem". Eles precisam ter motivação para aprender algo realizando o que seja útil às suas vidas e à sociedade atual. Como podemos aprender a encarar esta realidade? Às vezes, a justiça científica é tão lenta como a outra justiça. Mas, também, como a outra, termina chegando.

Nós sentimos que o ensino está totalmente defasado. Eu quero saber sua opinião sobre isto e como modificar este quadro que tanto nos aflige e incomoda?

Ele com a calma de sempre, retorquiu:

– É complicado achar uma solução para sua pergunta. Confúcio tem uma sentença que diz: "Quando me contaram, esqueci; quando vi, entendi; quando fiz, aprendi." Acredito que a melhor forma de "aprender" é fazendo, colocando "a mão na massa". Precisa-se urgentemente incrementar no ensino e, na educação em ciência, a vertente experimental. Por que nas escolas quase tudo se reduz à teoria passada e não à realidade que nós vivemos? Existem estudos que mostram que os estudantes retêm somente 10% do que leem, cerca de 20% do que ouvem e 30% do que veem. A capacidade de aprendizagem dos alunos é de 90% quando fazem. No Brasil ainda há um grande déficit de uma ciência de bancada, com os alunos utilizando a experimentação para dirimir suas questões e ajudá-los a se perguntarem por outras dúvidas. Há muita teoria e pouca prática no ensino. Não queremos ensinar conceitos teóricos sem o lado lúdico da ciência. É um erro nivelar-se por baixo. Precisamos mudar isto.

Um dos estudantes presentes entrou na conversa com o seguinte argumento provocativo:

– Não é o professor que faz pesquisa o que ensina melhor, é?

O "Mestre" respondeu imediatamente, porque esta pergunta era intrigante e sempre o incomodava:

– Este é um questionamento que, dependendo de como se entenda o que é ensinar, pode ser mal interpretado. A Universidade é um local de conversa, entendimento, um ponto de encontro onde os sonhos e ambições da juventude devem ser discutidos com pessoas mais experientes. Temos que expressar a mesma linguagem. É importantíssimo que os professores nas Universidades sejam capazes de transmitir e comunicar bem, que dediquem tempo e esforço para preparar suas aulas e estas sejam claras e estimulantes. Está claro a necessidade de incrementar o financiamento da educação para manter o ritmo da demanda e não pôr em risco o perigo da qualidade. O ideal seria que quando o estudante terminasse a Universidade tivesse uma formação que permitisse aceder ao mercado de trabalho com garantias de êxito, que fosse capaz de encontrar um trabalho qualificado.

Mas, não resta dúvida, tomando a ciência como exemplo, somente um bom pesquisador é capaz de transmitir a um aluno um conhecimento mais profundo e como realizar um experimento ou buscar um resultado para resolver um determinado problema. Este é um aspecto fundamental do ensino universitário. Esquecer isto nos levaria a formar profissionais que podem saber muito texto, mas que raramente conseguem sair da mediocridade no exercício de sua atividade profissional. Nesses primeiros anos do século XXI ficamos divididos entre um passado colapsante e um futuro incerto trazido por este tipo de observação.

***

O PROFESSOR: A PROCURA DE MÉTODOS

Sua estudante de pós-doutorado, inteligente e com os olhos brilhando, encarando a realidade existente no planeta argumentou sobre os problemas e angústias que está passando a humanidade:

– "Mestre", como já foi questionado aqui, todos nós estamos confrontando com a verdade de que a riqueza provida pela natureza está diminuindo rapidamente e se não adotar e adaptar uma maneira de viver quantitativamente diferente, de ensinar a encarar a realidade, logo perderemos as opções. Com a diminuição das fontes de riquezas e alimentares precisam-se conquistar novas fronteiras do conhecimento. Estas poderão surgir se os países investirem em instituições de pesquisa e educação de alto nível que busquem sempre a excelência no preparo de seus novos profissionais. Aliás, estas instituições devem ser menos burocráticas e ter boa imagem na sociedade. O que está passando com a educação não é tão difícil de entender. Você tem razão quando diz: "A educação é um paciente; se o médico não atende a tempo ele piora, o tratamento fica mais dispendioso e, o pior, a doença pode virar crônica." Se não "medicar" as dificuldades de um aluno do nível fundamental relacionadas ao português, ciência, história, geografia e matemática, pode-se resultar em uma falha crônica em sua aprendizagem. É importante salientar que nos cursos fundamental e médio se estuda muito pouco de ciências e matemática – principalmente não existem aulas práticas adequadas e funcionais, o que induz uma dificuldade enorme às práticas dos cursos universitários, não é verdade? O tratamento é dar uma atenção especial a este aluno. Mas isto precisa de mais tempo na sala de aula com um professor preparado para a tarefa. Se não for assim, o aluno ficará desmotivado em seguir estudando.

***

Veja o exemplo da matemática. A invisibilidade das matemáticas para a população é, provavelmente, o motivo fundamental de sua falta de apreço social. A maioria dos cidadãos acredita que a matemática é uma matéria muito complicada e abstrata. Sabemos que não é assim. À matemática se impõe uma verdade mais incontestável que a emoção e as paixões. Henri de Poincaré, nome que segue sendo importante referência na matemática atual disse: "A verdade científica e a verdade moral têm que se conceber unidas e seguir sem medo." Em muitos progressos tecnológicos as matemáticas não são visíveis, estão escondidas, nas entrelinhas, mas são essenciais. Elas não somente fornecem respostas à tecnologia, mas também ajudam a formular as perguntas corretas, a revelar os fatores importantes de um problema a ser resolvido. Por isto elas são constantemente instrumentos indispensáveis à inovação e à tecnologia.

As matemáticas fazem parte de eventos cotidianos importantes para a determinação da qualidade de nossas vidas: a previsão do tempo, as cirurgias delicadas, a gestão de espaço aéreo, o implante dentário, os encaixes das peças dos automóveis, a uma quantificação bioquímica e a tantas coisas mais. Estes são exemplos distintos que não poderiam ser realizados sem desenvolvimentos matemáticos sofisticados. Se as matemáticas permitem às ciências biológicas formalizar seus descobrimentos e teorias, a entrada dos computadores no século passado abriu um enorme e praticamente ilimitado uso das matemáticas na biologia e na biomedicina. A resolução de modelos matemáticos mediante algoritmos adequados e supercomputadores é considerada hoje em dia o terceiro suporte do método científico, ao lado da hipótese e da experimentação para desenvolvimento das áreas biotecnológica e biomédica.

***

Se nos próximos 20 anos formos capazes de prover uma aprendizagem de qualidade para nossos jovens, em todos os níveis, transformaremos o país. Temos que formar recursos humanos de alto padrão no campo da biologia, medicina, engenharia, física, matemática, e aumentar o percen-

O PROFESSOR: A PROCURA DE MÉTODOS

tual de crianças indo para o ensino fundamental, do fundamental para o ensino médio de qualidade e deste para uma Universidade de excelência.

O "Mestre" adorou aquela reflexão; ajeitando-se na cadeira e cruzando as pernas, expressou com ênfase:

– Neste novo sistema educacional que você fala deve ter um ensino que encoraja a criatividade e desenvolva a inteligência. A formação deve elaborar uma mente desperta e curiosa, e o professor incentivar os alunos, animando-os a realizar experimentos interessantes que motivem sua curiosidade e busquem uma solução do problema. É tempo de construir. Este novo tipo de aprendizagem deve focalizar em metodologias que aumentem nos jovens o horizonte do conhecimento e os tornem mais criativos e inovativos no contexto dos desafios que confrontarão na sociedade contemporânea. Neste novo mundo educativo, as crianças e os jovens não poderão desconectar entre aprendizagem e resolver problemas e deverão ter mais responsabilidade, sensibilidade e tolerância. A emancipação dos seres humanos através da ciência e do saber crítico constituem o núcleo central que dá mais sentido à educação. A igualdade, a sustentabilidade, a cooperação e a inovação social devem estar presentes em todas as formas educacionais de países que almejam o desenvolvimento e a melhoria da população.

***

Não existe sistema universitário robusto que não possa buscar o talento. A Universidade deve ser uma residência de talentos, não tê-los é uma lástima, tê-los e não saber administrar é ainda pior. Nossas instituições devem buscar a liberdade de revelar talentos, tornar centros de inovação dando ênfase à significância da pesquisa e do ensino, um *sine qua non* para o desenvolvimento saudável do conhecimento. Quanto maior o nível deste profissional, maior será a capacidade de o país conhecer, investigar, inovar, criar, empreender e competir globalmente. O conteúdo da ciência e da educação poderá ser substancialmente transformado nas mãos destes novos profissionais. A prática de ciências aos jovens auxilia alcançar os objetivos relevantes da formação, porque é uma atividade eminentemente criativa e ensina a viver. Educar através da criação é o modo mais eficiente de formar profissionais competentes para o mercado de trabalho. Mas, os professores têm que ter uma motivação especial para se lançar nesta aventura, senão pode ocorrer o fracasso.

***

Em resumo, esta conversa do almoço, deixou claro que a educação é parte essencial dessa infraestrutura científica e tecnológica necessária ao país. Sem uma educação adequada e persistente, não existe plano para o país que se desenvolva e ampare seus cidadãos. Falamos da educação em todos os níveis, inclusive a universitária e de pós-graduação. Ciência, tecnologia, inovação e educação são necessárias para tornar o país competitivo e mais justo socialmente. Somos o décimo terceiro país em produção científica, mas estamos lá atrás em competitividade, temos um problema grave com a inovação, ou seja, com a transferência de conhecimento para a indústria. Nossos professores e cientistas devem ajudar a criar um mundo no qual seja possível combinar o avanço do conhecimento na sociedade e o desafio de fornecer adequada alimentação, saúde, nutrição, moradias, energia, educação e meio ambiente para todos os nossos conterrâneos. Estamos entrando cada vez mais nesta nova era e investindo cada vez mais na igualdade social. Desenvolver o mais rápido a arte da transformação do conhecimento é necessário para o nosso país, e a única forma de obter este desenvolvimento é investir em cérebros. Lembro-me feliz sempre que alguém já disse: "Cuidado com os desejos, porque talvez a gente consiga e eles virem uma realidade." E o que fazer depois que eles chegarem?

***

O PROFESSOR: A PROCURA DE MÉTODOS

Ainda comentando a conversa tida com o "Mestre", no raro lanche que tivemos, nós orientadas, concluímos que estamos envolvidas até a alma com a ciência e o ensino. Os argumentos apresentados nos levam a criticar o sistema educativo atual, a percepção humanística e social deste, e defender mudanças urgentes na educação básica e acadêmica, bem como na sua universalização. O "Mestre" nos ensina que trabalhar com estudante universitário, tipo bolsista, de iniciação científica, é uma das coisas mais interessantes para o desenvolvimento da ciência e da educação. Temos que ter muita esperança nesses meninos e meninas, pois a arte e a aprendizagem da ciência é a arte da juventude. Os países que estão desenvolvendo ciências e artes devem criar sua própria tradição, sua forma de pensar e de sentir ambas e, é claro, levá-las para a juventude. Os jovens são sensíveis e flexíveis. O "Mestre" e seus alunos podem fazer belas esculturas e criações que enriquecem o país. Por isso, os valores educativos, como do estudo, do ensino, da exigência, da aprendizagem, da criatividade, devem ser intensificados o mais cedo possível. Aprender, estudar, ensinar, fomentar a criação e habilidades necessita de muita vontade e exigência das pessoas. Estes não são valores de uma sociedade tradicional, são valores de uma sociedade empreendedora, que pensa no futuro e não quer perder seus talentos.

Na conversa dos estudantes, a menina de pós-doutorado, que tem um "gene" de mineira, e sempre gosta de falar gesticulando com as mãos e o corpo, fez uma pequena reflexão:

– O "Mestre" é de amargar. Sempre compartimos ilusões e emoções com ele. Às vezes, algumas decepções. Nunca para de falar que a ciência e a educação não são patrimônios de ninguém. São bens públicos e, por isto, dar-lhes uma dimensão social integrada é nossa obrigação, é nosso dever, é nosso compromisso, pois sabemos que todos os cidadãos têm o direito a elas. Sem dúvida, o ensino não pode somente limitar-se em transmitir conhecimentos ou saberes utilitários, necessários para exercer uma profissão. Deve ser algo a mais, indicar aos alunos as trajetórias que levam seus passos a alcançar a fonte do conhecimento. Sobretudo, ser capaz de transmitir a uma cultura criadora de valores, ideais sociais, e buscar proporcionarem-lhes uma instrução que leve à amizade e à conciliação solidária e cordial. Se não investir neste tipo de educação, podem-se ter alunos que, quando entram na Universidade, matriculam-se na euforia, no otimismo e quando se formam e recebem o diploma da decepção e da descrença. Ora, às vezes a boca não é para falar, e sim para calar.

***

Depois de toda esta conversa com ele, nós estudantes, numa discussão no laboratório, descobrimos que repetir, dando exemplos variados, é uma tática que ele usa para assimilarmos conceitos importantes. Ele sempre expressa que fazer ciência e ensinar sem se apaixonar não é fazer ciência nem ser professor. Estas atividades nos dão uma sensação estranha e agridoce que fortalece nossas vidas. A razão de se apaixonar é devido à mesma fascinação que o futuro nos dá: "Não podemos saber como ele será!" Não se sabe o que aquele aluno sentado à nossa frente, curioso, fará de sua vida! Quem sabe se será um cientista ou um professor que continuará o nosso trabalho? Ou um profissional que ajudará a indústria a produzir ou inovar mais? Dá para imaginar um país onde a juventude bem-educada construa seu futuro? Ora, a resposta é óbvia, este país será melhor.

A ciência e a educação são quase sempre surpresas para o cientista e o professor, e os fazem buscar uma nova identidade humanística e de generosidade. O problema é que eles não possuem somente uma identidade. O cientista e o professor possuem várias identidades. Uma típica regional, uma mais geral, nacional, uma como consequência, internacional, uma inevitável ética – que não é menos importante – outra, cultural e tantas outras. Isso nos faz acreditar que a ciência e o ensino não devem ter pátria – pois possuem poucos limites éticos e morais – nem têm fronteiras, pois é universal. Quem pode tê-la é o cientista e o professor. A conscientização destes pontos é fundamental para a sociedade.

A educação, por definição, é um processo complexo de aprendizagem difícil que necessita condições prévias que talvez sejam determinantes. Não se aprende tudo o que ensina, nem somente o que se ensina. O aprendizado é uma atitude voluntária que exige do estudante muito esforço e motivação, melhorando capacidades e competências quando a aprendizagem se realiza em um contexto estimulante e agradável. Para aprender há necessidade de uma convivência tranquila, positiva, que envolva confiança, respeito e afeto entre estudantes e professores. A boa convivência nas salas, a amizade e a liberdade entre os estudantes e o professor e a excelência do processo de aprendizagem são as alavancas da qualidade que colocam a educação em um patamar mais alto.

Lembro-me que um dia Balzac disse que "detrás de uma grande fortuna há sempre um grande crime". Isto é uma visão social de um crime. Recentemente, Woody Allen expressou que "acreditaria em Deus se recebesse D'Ele um sinal claro, como depositar dólares em sua conta bancária da Suíça". Como acredito na boa-fé prefiro o racional de Woody que se enquadra perfeitamente na sociedade que acreditar nas áreas da ciência e da educação. Um indivíduo bem formado tem maior chance de ter um emprego digno que possa sustentar sua família e pensar em um futuro melhor para seus filhos.

***

Os Institutos de Pesquisas e as primeiras Universidades Brasileiras floresceram nas primeiras décadas do século XX e levaram a uma geração de cientistas e pensadores que empreenderam a tarefa de incorporar ao Brasil, a ciência e o pensamento moderno. Daí nasceu o idealismo de os cientistas e os educadores terem a obrigação de apresentar o conhecimento para o país e para o mundo, e, ao expô-lo, abre as janelas da liberdade de pensar e nos ensina a meditar por nós mesmos. A Universidade e os Institutos de Pesquisas, como a sociedade, devem ser democráticos e eficazes. Não se deve limitar a somente transmitir conhecimentos ou saberes, utilitário e necessário para exercer uma profissão. A busca da qualidade é fundamental. Hoje, a formação científica do século XXI ou é obrigatoriamente internacional ou não é considerada universitária. Deve-se indicar ao estudante o caminho e a direção e levar seus passos a alcançar a fonte da solução de um problema e divulgá-lo para o mundo. E, sobretudo, ser capaz de transmitir aos universitários uma cultura, criadora de valores e ideais sociais, e proporcionar uma educação que busque a amizade solidária e cordial. Por isto ter a capacidade de pesquisa é fundamental, de forma que é desejável para seus profissionais compartir as funções docentes e de pesquisadores. Encontrar o equilíbrio entre estas duas atividades é crucial para o professor. Não resta dúvida que as boas Universidades são aquelas onde a pesquisa impera. Em suas críticas ao ensino, às vezes o "Mestre" diz que temos jovens do século XXI, com professores do século XX em Universidades do século XIX. É difícil viver sem contradições e conflitos interiores. Vive-se com ideias às vezes impotentes que nascem cotidianamente em nosso cérebro. Discerni-las é o papel do educador – sempre frisa!

***

Em suas reflexões diz que a educação pública é o alicerce de uma democracia sólida. Se a educação é um sistema robusto nada compromete o direito à cidadania. Além do social, a ciência e a educação se demonstram atuando, participando, se envolvendo inteiramente no mundo do ensino e da pesquisa. Pesquisa, para nós, de fato, é uma tarefa da sociedade para descobrir novos conhecimentos. Para solidificar este conceito o "Mestre citava sempre frases de indivíduos famosos. Por exemplo, para não cair na tentação sobre aprendizagem, dizia Albert Einstein, com a tenacidade

O PROFESSOR: A PROCURA DE MÉTODOS

de seu pensamento filosófico: "A educação é o que sobra depois que esqueci o que aprendi na escola." Ou no que frisava Winston Churchill: "Sempre gostei de aprender, o que não gosto é o que me ensinam na escola." Não devemos exagerar – dizia o "Mestre" – senão nos lembra novamente Einstein: "Não se preocupem por suas dificuldades em matemática, lhes asseguro que as minhas são maiores" ou sua outra sentença: "Desde que os matemáticos invadiram a teoria da relatividade, eu mesmo não a entendo mais." O que quero dizer é o que aprendi em criança como se diz nas Minas Gerais: "Deve-se dar o remédio certo na dose certa na hora certa para a pessoa certa." Senão as coisas podem complicar e o tratamento não funcionar.

A orientada de doutorado ouvindo essas coisas entrou no diálogo das meninas do laboratório e disse:

– Dessa maneira a Universidade deve reinventar o ensino e a pesquisa. Tipo assim, como as palavras que falamos signifiquem mais do que significam no dicionário, ou algo mais do que as que pessoas bem informadas compreendem. Assim devem ser a ciência e a educação: "Originais voltados para a formação de bons profissionais e para o futuro econômico do país." Não as informações de agora, mas da atualidade que se revelam nos experimentos e nas salas de aula onde se aprende a "conhecer mais" e não "saber, menos". A sociedade deve confiar na Universidade, pois elas são absolutamente necessárias para o modelo de sociedade sustentável. A solução é o diálogo permanente entre todos os agentes sociais que fortaleçam esta confiança a estimular uma Universidade que promova a educação, a pesquisa e a inovação. Assim o país vai para frente.

A mais nova estudante de mestrado expressou com toda ênfase que dava nas conversas:

– Lembra-se daquela vez que o "Mestre" chegou da Índia contando que tinha conversado com um amigo dele – acho que o nome era Rao – que é um assessor direto de Manmohan Singh, o primeiro-ministro daquele país. Seu amigo indiano citou uma frase de Singh que o impressionou muito: "Deve-se combinar o crescimento do país com a excelência educacional em todos os níveis e com o desenvolvimento da pesquisa, tecnologia e inovação, senão estaremos numa ilha de excelência num imenso oceano de mediocridade."

Entrando sorrateiramente na sala ele chegou a ouvir o final daquela conversa entusiasmada de seus alunos. Sentindo sua presença no local, ficou estabelecido o silêncio comprometedor entre os estudantes, que de alguma maneira esperavam o que o "Mestre" iria dizer. Sorrindo ele expressou:

– Esta frase do primeiro-ministro da Índia me deixou sem dormir por várias noites.

As meninas ficaram surpresas com a entrada do "Mestre" e ficaram em silêncio esperando o que ele iria dizer. Ele após um pequeno momento de reflexão falou pausadamente:

– Esta fala de Singh me levou a um pensamento que considero importante. Deve-se aprender desfrutando o que está aprendendo, sem medo de compreender e pressentir o futuro e investir nessa visão. O nosso país precisa disso. A ciência e a educação não podem salvar o mundo de todos os problemas existentes, mas devem ter a capacidade de transformação social com a qual as pessoas passam a compartilhar, de maneira singela, sua vida com seus colegas e amigos, bem como a abrir espaços de reflexão que se estendam à cultura geral e a nossa vida. Cientistas e educadores devem servir de um belo exemplo para nossos jovens. Esses modelos profissionais não são fáceis de reproduzir. Não se desenvolvem fórmulas para poder imitar um cientista ou um professor. Não resta dúvida, devem-se fixar modelos e formas originais para a melhoria da educação e da ciência. Da mesma forma que uma obra de arte pode cobrar e apresentar novos significados para a vida, educação e ciência colocam feixes de luz sobre os princípios fundamentais da natureza do ser humano, a alegria de viver, e muitas vezes iluminam também de forma imprevista a concepção do futuro abrindo novas janelas de oportunidades para os profissionais formados nas Escolas Técnicas e nas Universidades.

***

Em resumo, para diminuir a pobreza, melhorar a estrutura produtiva atual e incrementar a produtividade das empresas que é a que realmente determina o nível de renda no futuro, como primeira medida, há que reformar o sistema de educação, formação profissional e universitária, nos moldes que estamos discutindo. Se não realizar este esforço será muito difícil seguir prosperando em um mundo em que o trabalho se globaliza e cada vez mais necessita de qualificação técnica profissional.

Sentindo que aquele assunto não tinha fim, e tentando encerrar aquela conversa que não teria fim, e tentando colocar as orientadas de volta ao trabalhar, ele seriamente falou:

– Os grandes pesquisadores e professores são originais e únicos e abrem os olhos e os ouvidos dos seus alunos e orientados, dão o rumo, norteiam, mostram os próximos passos, mas sem lhes revelarem o caminho. A estrada deve ser descoberta por cada um de nós. A melhor maneira de aprender é construindo sua própria trilha que resultará posteriormente na estrada da vida. Mas o caminho é único para cada um, e está aí, bem na nossa frente. É a trilha de cada um que tem que acreditar em seus próprios olhos e passos para construí-la. Esse caminho não é um tema definido nem um momento especial. É o que condiciona a aproximação ao tema e o associa aos momentos de caminhada.

Uma aluna de doutorado, interessada nos argumentos e querendo estender um pouco mais aquele diálogo que levantava questões de interesse a todas as pessoas que participavam daquela discussão, perguntou:

– Temos que começar a galgar este caminho. Por outro lado, quando não existe a trilha, tudo se converte na espera. Ou seja, quando não há projetos de futuro, as pessoas esperam que o tempo passe e amaine ou que algum fenômeno inesperado nos devolva a rotina conhecida. Mas, como disse Chico Buarque: "Quem espera nunca alcança." Não podemos caminhar para a frente se não temos opções de escolha do que fazer. O que você pensa sobre isto?

Ele respondeu um pouco sem paciência:

– Como diz alguém da obra de Samuel Beckett para mostrar a desolação de um personagem: "A menos que venha o Godot." Tem gente que ainda tem esperança que o Godot apareça. Se nossa aspiração é não evoluir no conhecimento, vamos ficar no presente ou mesmo voltar ao passado. Somente nos resta "esperar o Godot", o falso salvador ou instalar na inverdade absoluta. Ou como já dizia Chico Buarque: "Esperar o trem que já vem que já vem que já vem..." e nunca chega à estação! Temos que ter esperança e batalhar por um futuro melhor para todos em nosso país. Há uma luz no final do túnel, provavelmente não é devido a outro trem que viaja em direção contrária, e sim a um brilho de sol.

Eu acho melhor começar a trabalhar, senão esta conversa pode trazer alguma ansiedade e tristeza...

ENCANTOS E PROBLEMAS

As conversas com seus amigos e estudantes geralmente fluíam como água de um rio cristalino e tranquilo. Nelas ele sempre dava exemplos da beleza da experimentação e dos problemas que existiam na atividade científica. Num certo dia, uma de suas alunas mais empolgadas, em um momento de angústia e crise existencial – que quase sempre tinha, e com a liberdade que ele permitia nas suas conversas – dando a ênfase necessária perguntou algo que amargava sua alma constantemente:

– "Mestre", agora que estou envolvida com a ciência e que pretendo continuar atuando nos laboratórios da vida, gostaria de ouvir sua opinião sobre como criar um ambiente gostoso, harmonioso e de boa convivência no laboratório, onde as experiências nos mostrem o encanto do conhecimento compartilhado e nos ensinem a viver no mundo da criatividade? Você sabe que não são em todos os laboratórios que as relações são tranquilas e amigáveis, quase sempre há desavenças, desassossegos, competições e estremecimentos, não é verdade?

Ele ficou muito emocionado com aquela questão que o levou ao passado, ao início de sua carreira, onde todos os colegas ajudavam a todos no laboratório e os seus professores ensinaram como deveria ser seu comportamento na vida fazendo ciência. Lembrava como eram todos generosos. A confiança pessoal e interpessoal era o elemento-chave do funcionamento do laboratório, A afeição que existia naquele tempo, hoje é um bem escasso, e há pessoas que nem tentam encontrá-la. Sabia que uma demonstração trágica da sabedoria humana é que tudo muda e nada é eterno, e muitas coisas que acontecem no laboratório se refletem na realidade e no intenso e dinâmico mundo competitivo atual. Mas é lá também que representa o aprendizado, a concentração de talentos e oportunidades.

Com essas lembranças boiando em seu cérebro, respondeu à pergunta com muita emoção e convicção:

– O conhecimento científico é modesto, sutil, provisório e temporário. Não é mais do que um pequeno passo na longa estrada a seguir. Caminho esse que não se sabe onde termina e, às vezes, nem se imagina onde começa. Aparentemente, esta estrada se constrói a partir de planejamento, cautela, cuidado, repetições, esforços e se concebe segundo a razão que implica na generosidade e na obtenção de muitos dados e provas experimentais. Não é uma trilha que não leva à parte alguma. O ritmo de trabalho elevado, a boa convivência e o compartilhamento dos dados entre todos os participantes aceleram as interpretações dos resultados, ajudam na harmonia do laboratório e dão formas aos novos experimentos. E a harmonia não pode tomar um caminho errado. Ela é a chave do sucesso de um laboratório, de um espaço comum de trabalho. O diálogo cooperativo e amistoso entre os orientados leva a alcançar o melhor resultado possível. A ciência que nasce assim é como um sistema de originalidade e um complexo estético de alegria e produção de todos os participantes do laboratório.

Mas não é somente isso. Também são modos de existência e compartilhamento os rituais, os processos de transmissão de saberes e da aprendizagem e a investigação rigorosa tendo sempre a possibilidade de abordar a ciência por múltiplos enfoques. Deve-se perguntar com inteligência para o experimento e esperar a resposta em sua própria linguagem e, depois, decodificá-la, e enxergar a beleza que existe nela. Essa beleza consiste na harmoniosa satisfação de pelo menos três necessidades do homem ou da mulher cientista: "Desfrutar do laboratório com toda força e plenitude, ter vontade, quase que obsessiva, de realizar um experimento, e sentir juntos, com toda a emoção, os resultados, pois pode estar nascendo algo novo." Por isso, os estudantes aprendem, a seu exemplo, a ter uma mentalidade de superação, liberação e criação permanente.

A orientada questionadora estava gostando de sua resposta e queria manter por mais tempo aquela conversa. Em tom inquisidor e provocativo falou:

– "Mestre", mas sei que existem pesquisadores que se acham donos das linhas de trabalho e dos resultados, não dividem nada com seus colegas nem com seus discípulos. Sei que você sempre ressalta a ideia de que a ciência é o acúmulo de conhecimento coletivo, de todos, dos laboratórios do mundo afora, para rechaçar os colegas que "patrimonializam" ou se consideram donos de linhas e dos resultados da pesquisa, ou seja, donos do conhecimento. Por que alguns pesquisadores têm este comportamento?

– Ora, o conhecimento é universal, de todos. Se não for assim fica entre as quatro paredes do laboratório e torna-se miúdo demais. Ninguém tem o monopólio do saber. O trabalho científico tem-se complicado enormemente na sociedade do conhecimento. O excesso de informação causa menor atenção ao mais importante que seja o conhecimento. Por isso, acredito que as palavras competição e concorrência são incômodas quando aplicadas à ciência. Não creio que os cientistas devam competir entre si, porque temos milhares de perguntas para serem respondidas, tantas ideias para serem elaboradas e executadas. Tem ciência para todos os cientistas! Conheço um pesquisador que diz que quando alguém está trabalhando numa ideia que ele tinha, fica feliz, porque é um problema a menos para pensar. Por outro lado, precisamos sim é de ser mais cooperativos e trabalhar mais em conjunto, compartilhar as ideias. O que conta de fato é a curiosidade dos indivíduos e não a competição. Mas sei também que tem gente que compete e concorre até por uma ideia abstrata. Não dá para acreditar. Coisa de louco!

SIMPLESMENTE... CIÊNCIA

Somos pagos para gerar conhecimento e por isso temos o dever de transmiti-lo aos nossos alunos, e publicá-lo para eternizar os dados para outros cientistas. Sabe-se que o conhecimento desenvolvido está exposto à contestação e à veracidade da comunidade científica, a dúvida, a ser desmentido, comprovado e/ou mesmo quase complementado, se for o caso, por novas provas, demonstrações e evidências. Assim a ciência progride e o conhecimento prospera e enriquece. A atividade científica quase sempre nos anima a viver e proporciona a possibilidade de um diálogo invisível com a natureza e interessante com as pessoas, com os alunos, com a sociedade e às vezes conosco mesmo. Estes princípios devem regulamentar o ambiente de convivência com outros laboratórios.

***

Ele tem clareza de que o desconhecimento da ciência implica em retrocesso social, pois diminui a imaginação criadora, o desenvolvimento da inteligência e da racionalidade e a sensibilidade humana. A ciência nos ensina a pensar com lógica, e este pensamento é capaz de enriquecer valores que nos ajuda a fazer um elogio à dignidade e aos seres humanos. É algo que nos dá a percepção de alguma coisa que não se pode ter consciência de outra maneira, ou seja, um "alinhavo" de emoções entre o real e o desconhecido. Este sentimento nos leva à criatividade que não se obtém com exercícios da memória e o conhecimento antigo.

Se você tem facilidade de reter no cérebro um ciclo biológico ou uma fórmula matemática, pode ser aprovado em uma prova mensal ou num vestibular. Compreende-se que ambos podem nos ajudar e penetrar para sempre em muitos outros novos ciclos ou equações. Opor-se a essas ideias é ser simplesmente reacionário e conservador, no mau sentido da palavra, e não no lado cientista. Mas, a memória pode ser enganada pela carga emocional das recordações, e das crises cotidianas, não é?

***

ENCANTOS E PROBLEMAS

O avanço excepcional da neurociência mostra que existe uma percepção inconsciente que pode modificar nossos pensamentos e que nos influenciam sem que saibamos. A mente armazena todos os tipos de informações e podemos nos enganar. A capacidade do cérebro é incrível. Ele pode relacionar o conhecimento em escalas diferentes: com o conectoma, que representa as conexões macroscópicas e intermediárias do cérebro; e o sinaptoma, as conexões microscópicas entre sinapses (as zonas por onde os neurônios se comunicam). O cérebro pode reconstruir um fato que passamos de forma distinta de como se passou, de acordo com os esquemas que formaram a mente da pessoa. Temos que aprender muito com o nosso cérebro! Um processo de decisão demora apenas 2,5 segundos, pois, por exemplo, 95% das decisões de compra já estão no subconsciente. Geralmente acontece com as mulheres. Elas saem para comprar uma coisa e adquire outra muito diferente. A promessa de poder "ler" o pensamento de uma pessoa é atrativa e algumas das possíveis aplicações destas tecnologias seriam benéficas, mas ainda são exageradas. Devemos estar preparados para o poder persuasivo que as imagens representam. Conclusão, nós temos que utilizar mais encefalogramas, ressonância magnética e varreduras para entender a cabeça de nossas companheiras.

***

Sempre diz que quem trabalha com ciência deve ter a modéstia de saber que não é dono de nada, muito menos da verdade, e respeitar os limites dos colegas e estudantes. Mas para certas coisas ele é intolerante. Nada mais distante da verdade do que os saberes absolutos, não críticos, sem questionamentos, as crenças, as não dúvidas, as ideologias ou os patrões da verdade. As polêmicas e as hipóteses descartadas são cotidianas na ciência. As incertezas fazem parte de qualquer atividade científica. Essa maneira de ser faz com que o cientista não possa perder a raiz de seu pacto com o novo conhecimento, o futuro, e tentar melhorar a humanidade. A ciência combate a ignorância e rompe com os mitos. Esse é um compromisso filosófico que ele tem com sua vida.

***

O "Mestre", em suas digressões com o pessoal do laboratório, diz que a ciência caminha por trilhas que vão sendo abertas e criadas pelos próprios passos, nas colinas, nos vales e nas montanhas do conhecimento. O método científico implica no conhecimento, mas também na beleza do modo de chegar a ele, de obtê-lo, de interpretá-lo, de elaborá-lo, compartilhá-lo e divulgá-lo. Diz que toda pessoa tem o direito de tomar parte da vida cultural, gozar das artes e participar do progresso científico e nos eventos que deles resultem. Ele explica também que a ciência, como a arte, faz parte da cultura que, além de chegar a todos, é essencial porque contém a objetividade, o contraste de pareceres, a visão diversificada, a racionalidade e a luta contra o dogmatismo. Para seguir desenvolvendo os mistérios da ciência, necessita-se o apoio e a cumplicidade da sociedade. Esta cumplicidade dos cientistas e a população é uma forma fantástica de celebração da democracia.

Como é que se traduz e "destrincha" este seu ensinamento?, perguntou a pesquisadora mineira que em seu doutorado tinha trabalhado com ele e agora ocupava uma posição de pós-doutorado no laboratório.

Com um leve sorriso confortador, ele respondeu o questionamento com muita sinceridade:

– Santiago Ramón y Cajal certa vez disse que: "Toda grande obra, em arte e em ciência, é o resultado de uma grande paixão colocada em serviço de uma grande ideia." Há encanto e elegância em toda ciência. Eu gosto de trasladar a ciência à arte com os olhos nos dados e nas informações obtidos. Sempre considero a informação como poder, mas também assim é a arte e a ciência. Ciência e arte do futuro no presente, como um diálogo que surge de forma inesperada e provocadora, mas também invocadora de um futuro que vamos recorrer para fazer o nosso país mais integrado, competitivo, coeso e solidário. A sociedade tem que meditar sobre isso. Essas manifestações continuarão enquanto existir o ser humano. A ciência nos dá conhecimentos que melhoram nossa qualidade de vida, e a arte nos fornece a beleza que dá o sentido da vida e amacia nossos corações! E este modo de pensar leva o cientista e o artista a serem honestos e dedicados, com raciocínios rigorosos, bem elaborados e trabalhados de olho na sociedade.

***

Devem-se reduzir os erros da leitura e as interpretações dos resultados dos experimentos científicos, assim como das combinações de cores da pintura de um quadro. A inteligência não pode evitar todos os enganos que faz o ser humano, mas nos dá o direito e o dever de revê-los e reduzi-los ao mínimo. Em si mesmo o conhecimento científico e artístico não leva a lugar algum, a nada. Ele deve ser escancarado ao mundo, aberto à sociedade e isso carece de qualquer conotação moral que não seja aquela vontade intrínseca de obter o conhecimento novo frente à ignorância. Acontece que a população tem um escasso interesse pela ciência e pela arte. Somente uma pequena percentagem das pessoas se preocupa com estas questões, muito antes se dedica a outros assuntos que também são importantes, como o esporte, a saúde, a alimentação ou mesmo a política. Temos que buscar constantemente a cumplicidade e o apoio da sociedade.

O uso social da ciência, a aplicação do conhecimento, que faz os seres humanos, é que merece juízo, valor ético ou moral. Por exemplo, para a humanidade o descobrimento da radioatividade não foi uma coisa boa nem ruim em si mesmo, pois ela pode ser utilizada para produzir energia e curar doenças. Mas, infelizmente, pode-se também construir uma bomba de destruição de milhares de seres humanos. O risco do mau uso da ciência é um fato. Deve-se mostrar à sociedade o que se está fazendo no laboratório e a importância do trabalho. Veja o dado dos telefones celulares, frutos das investigações na área de telecomunicação. Nunca na história da humanidade imaginava-se que mais de quatro bilhões de indivíduos pudessem estar conectados pelo telefone celular! A ciência representa uma forma de conhecimento que é consequência da curiosidade humana de saber coisas novas, de suas cautelas e moderações, mas deve ter foco na melhoria da sociedade.

***

A curiosidade acompanha os enigmas, mas ela também busca o desejo de resolvê-los. A solução dos problemas deriva de uma forma de conhecimento que desconfia da simples e mera especulação, abomina a crença como forma de saber e busca caminhar passo a passo com a sociedade consciente, conhecedora e alerta. Ou seja, o que fazer: a pesquisa que satisfaça o cientista ou que necessita a sociedade?

A resposta é óbvia: a necessidade da sociedade desde que ela esteja bem informada. As pessoas demandam o que conhece. É nossa obrigação informá-las das vantagens sociais dos experimentos que se realiza nos laboratórios e o que aporta a parte da investigação "aparentemente" desvinculada. Neste caso ela terá como decidir. A existência da ciência se justifica também em função de seu valor como formadora de recursos humanos de qualidade, como geradora de conhecimentos novos, bem como transmissora e mantenedora da cultura de um país. Se não queremos dar este salto em direção a uma sociedade moderna, divulgar o que é realmente importante como a ciência como algo interessante, prático e de impacto direto em nossas vidas, estamos completamente perdidos. Se não conseguirmos estes objetivos, seguiremos buscando as soluções dos problemas pela fé, pelos milagres, horóscopo do dia, ou outro caminho, um caminho impossível de encontrar a solução para algum problema.

Uma pesquisadora que realizava o doutorado em bioquímica, que estava atenta a tudo o que se passava no laboratório, questionou:

– "Mestre", você defende a cultura integrada e transformadora. Ou seja, a interação com a população, o papel da mídia, as novas tecnologias da informação, a necessidade da inovação com critérios científicos, a defesa de uma educação ativa na promoção da cultura científica. O problema está no desenvolvimento tecnológico e não na inovação, porque sem o primeiro não se pode conseguir a segunda; existe muito desenvolvimento tecnológico que se pode realizar sem pesquisa científica. A inovação não é uma atividade, e sim o resultado de êxito no mercado, ou seja, ela dá como resultado um produto que se vende. Assim, a ciência define a inovação cujo objetivo é conseguir ter impacto no momento adequado. Na Universidade o problema é encontrar o mercado adequado para uma ideia, e desta forma a possibilidade de êxito aumenta muito.

Você que nos ensinou, e acaba de dizer novamente que temos de sentir a necessidade de se comprometer a ciência com a sociedade. Ora, a história nos mostra que em vários países, os sistemas políticos que estão por aí não garantiram um regime político que se baseia na soberania popular, na liberdade eleitoral, na divisão de poderes e no controle da autoridade, ou seja, uma democracia permanente no mundo. Isto mostra que a sociedade está numa confusão danada; crises sociais, políticas e econômicas têm modificado o mundo. Nesse ambiente caótico, o cientista pode se enganar, não é verdade? Como a ciência pode socorrer corretamente a complexidade da sociedade?

– Vamos por parte. – falou o cientista com muita tranquilidade. Em primeiro lugar não tenho receio de cometer erros aqui e acolá. Mas depois esses enganos devem-me levar a realizar trabalhos melhores e mais importantes. No que se refere ao modo de a atividade científica ajudar a sociedade digo que as gerações mais velhas, como a minha, têm a sensação de que foram enganadas em sua crença no socialismo, no comunismo, ou em uma sociedade democrática harmoniosa ou pelo menos com pedaços de harmonia. Voltar a ter esperança é projetar o futuro. Os cientistas, neste contexto, e como cidadãos, têm a obrigação de intervir nos debates políticos e sociais de seu país. O fundamental nestas participações é a ideia e a imaginação. Nessa sociedade do futuro não se deve ser ingênuo e acreditar que o inevitável possa ser adiado ou resolvido. Isso não existe e se não tiver clareza quando o inevitável chegar ficará muito difícil de suportar. Tentar evitar o inevitável, será que nós conseguiremos? – sempre repetia essa frase.

***

Você sabe que nem todos os cientistas estão interessados na busca da verdade. Existem pesquisadores de todos os tipos, os sérios e os "picaretas". Têm pessoas que se julgam o máximo, mas mentem e até falsificam os dados ou os inventam, não é? Isso decepciona os que querem virar cientistas. Explique para nós este ponto, por favor!

Ele mais uma vez sorriu com a pergunta e da dúvida de sua orientada que falava com muita sinceridade, tendo o apoio e a permissão dos outros componentes do laboratório.

– O ego me dá medo, é o grande drama da atualidade. O comportamento humano não é matemático! É uma forma diferente de se entender. Talvez seja como a mecânica quântica: dá as possibilidades de que um elétron esteja numa determinada região, mas nunca lhe dá 100% de garantia. É assim que os seres humanos funcionam. A mentira é uma carência de humanidade ou a presença de alguma forma de "loucura". Mentir é um ato deliberado, não um acidente como alguns acreditam. Em ciência há formas básicas de mentir. A primeira é ocultar um dado, isto consiste em reter certa informação que não vá na direção da hipótese científica de trabalho. A segunda é falsear, ou seja, apresentar uma informação falsa como se fosse correta. Quando se oculta informação é passivo, enquanto a falsificação é ativa. Não dá para manipular os resultados experimentais, pois isso é falsear a verdade, é adulterar a informação científica. É mais ou menos como modificar o que é dito por uma pessoa que não se expressa corretamente, para que sua declaração pareça acadêmica. É como um *photoshop* que muda o rosto para que uma pessoa pareça mais jovem vinte anos. Meu Deus! Isto é deformar a verdade. A balança está, todavia, pendendo para o lado dos cientistas corretos e éticos. A literatura científica é constantemente revisada e seus procedimentos e avaliações respondem a um processo rigoroso e transparente, em que participam cientistas reconhecidos mundialmente, de diversas disciplinas e de um número diversificado de países e áreas do conhecimento. Seus informes estão sujeitos de maneira adicional de ampla revisão de especialistas que são imparciais, abertos, transparentes e objetivos.

Vamos lembrar-nos da fraude do cientista sul-coreano Hwang Woo Suk, cuja investigação o havia feito célebre, bem como ao seu país, levando aos supostos avanços fantásticos nos estudos das células-tronco no ano de 2004. Em certo momento se pensou que a equipe chefiada por Hwang havia clonado células-tronco, e as adaptado a um paciente específico. Isto aumentava a esperança de produzir tecidos específicos para reparar órgãos lesados ou tratar doenças, como o Mal de Alzheimer e outras. O artigo foi publicado na prestigiosa revista *Science*, em fevereiro daquele ano. Uma fraude pode passar inadvertida em um campo acadêmico marginal. Mas se um pesquisador diz que clonou os primeiros embriões humanos e que daí derivou as primeiras células-tronco específicas de pacientes, deveria imaginar de antemão, com absoluta certeza, que laboratórios concorrentes iriam tentar repetir o feito e descobrir seu engano. Depois de descoberta a farsa, o pesquisador foi processado e condenado por fraude, malversação de recursos financeiros, das verbas públicas, além, é claro, da violação às leis da ética. Foi um dos piores casos de fraudes na ciência.

***

Membros do próprio corpo editorial da revista dizem que a *Science* tem sistematizado o processo de avaliação dos artigos submetidos, mas mesmo assim ocorrem fraudes que podem diminuir a credibilidade do sistema científico. Hoje é praticamente impossível detectar uma fraude científica no momento de avaliação de um artigo. Para um especialista é fácil inventar uma história e criar evidências para justificá-la. Mas o sistema científico é suficientemente bom, porque o tempo coloca tudo "nos eixos" quando outros cientistas não reproduzem os dados publicados. É muito difícil traduzir esta discussão para a opinião pública. Às vezes, passam anos para um artigo ser comprovado e aceito integralmente pela comunidade. A ciência avança assim, corrigindo seus próprios erros de maneira contínua. Aliás, esta é a maneira de como a ciência progride.

E continuou o racional para finalizá-lo:

– Como disse JF Kennedy: "Pode-se enganar a muitos por pouco tempo, ou a poucos por muito tempo. Mas não se pode enganar a todos por todo o tempo." A má ciência e a verdadeira ciência somente podem se coabitar de uma forma: devorando-se dia e noite uma a outra. Esta é luta diária nos laboratórios de pesquisa. Contudo, quem vencerá é a verdadeira ciência, porque outros pesquisadores a adotam e comprovam sua veracidade.

A verdadeira ciência não se improvisa nem brota do nada, como um milagre. Os resultados científicos não são imediatos e o que preocupa é a qualidade. A boa ciência requer constância, repetições, tempo e não deve ter como objetivo uma publicação rápida se não chegar ao fundo das coisas. Não se deve ficar preocupado com isso se tiver a cultura do esforço: uma coisa é o que dá vontade de realizar e a outra é o que se pode fazer no laboratório. Educaram-me ou me eduquei assim, não sei! E seguirei sempre assim.

***

A vocação científica nasce da curiosidade inata, e a relação com o orientador ajuda a despertá-la e a aperfeiçoá-la. Esta vocação está baseada na pureza das emoções, na simplicidade dos motivos e na aprendizagem da austeridade dos experimentos e suas consequências educacionais e sociais. Explicar a ciência bem-feita não é fácil, mas também é obrigação dos cientistas com a sociedade. As pessoas que se dedicam à ciência às vezes ficam amargas, entristecidas, desiludidas, desestimuladas, porque a ciência quase sempre é um sonho bonito e charmoso, e a vida diária no laboratório é trabalhosa, maçante, difícil e de muito trabalho de bancada. Por isto, por vezes nos decepciona.

Uma estudante de iniciação científica, nervosa, cheia de angústia, pois ainda não tinha entrado no "clima" de debate e dos questionamentos do pessoal do laboratório, perguntou:

– Alguns indivíduos falam que parece que se faz ciência sem vontade, simplesmente porque os temas de pesquisa são agradáveis. Eles não sabem que estamos tentando responder perguntas após muitas horas ou dias de trabalho duro e constante, que parecem que nunca se acabam. Como convencer essa gente que a coisa não é bem assim?

O "Mestre" compreendendo a questão, pois os leigos sempre pensam desta maneira, retorquiu:

– Separar o joio do trigo, o bom do ruim, e estar envolvido na ciência às vezes é asfixiante, um esforço que pode ser desgastante, cansativo e sem premiação. Se não for considerado assim tem efeito devastador como um discurso de desencanto ou de frustração. Há uma fusão total entre a vida e a profissão cientista, como em nenhuma outra carreira conhecida. Por isto o cientista deve ser modesto por natureza, porque é um diletante da cultura e sabe que é detrás de uma resposta que nasce outra pergunta. Às vezes, o cientista é frágil e está mais exposto à sociedade que em outras profissões. Por isto é obrigado a apaixonar-se pela ciência. Alguém já disse que "sem paixão não há solução".

Vocês mesmos vivem passando por esta crise, não é verdade? Nós sabemos que a realidade da ciência exige muita dedicação e trabalho e ela quase sempre não é tão boa como aparenta. A gente deve ficar, às vezes, mais realista e esperançosa para poder acreditar que um período ruim no laboratório passa rápido. Compreende-se que são necessários conhecimento e energia para desenvolver uma ideia, e que não basta somente ter a liberdade de construí-la. Temos que comprová-la experimentalmente e isso necessita de muita vontade. A filosofia da liberdade do pensamento faz-nos dispor da liberdade de fazer possível o impossível, errar e acertar. É um prazer realizar experimentos, isto é estimulante. É acreditar e seguir em frente. E competência ajuda e orienta a realizar coisas melhores e mais rápidas. O que não faz sentido é fazer seu trabalho para publicar os resultados e não pela ciência em si. A publicação é a decorrência da elaboração e do esforço de realizar um bom experimento.

***

Repito, tem gente que diz que parece que no laboratório não se faz esforço e que fazer ciência é muito agradável. É muito bom realizar experimento, porém sabemos que é cansativo e leva muitas horas de trabalho constante que nunca se acaba. Quando vamos para casa nosso cérebro continua trabalhando. Fazer ciência é um trabalho exaustivo e constante que em certas ocasiões é muito difícil de manter. Mas não é um sacrifício, e sim um privilégio. Se não tiver essa consideração, o desânimo pode nos envolver e nos absorver. É importante saber lidar com isto e diminuir o lado negativo do cansaço. Um bom ambiente no laboratório leva a gente a ter mais energia e suportar as dificuldades.

ENCANTOS E PROBLEMAS

E continuou dando certa ênfase:

– O trabalho intenso no laboratório a cada dia nos envelhece. É inevitável, é a vida! Envelhecer é bom para a alma e complicado para o corpo. Temos que viver com esse dualismo. A alma fica mais leve e compreensiva, sensível e inteligente, criativa, e menos egoísta e poderosa. O corpo decai, envelhece e as rugas aparecem. No fundo isto causa uma mudança de paradigma que não é fácil para alguns indivíduos de entender. Principalmente as mulheres, não é verdade? Às vezes, nos perdemos ou evaporamos, noutras crescemos e valorizamos nas coisas boas que tivemos. As vitórias na minha idade parecem um pouco veículos na contramão da estrada. Durante a juventude qualquer reconhecimento trás muitas ilusões, satisfações e alegrias. Agora tudo tem outro sentido, tudo é oposto. Passa-se a admirar mais o cérebro e a criatividade e menos os prêmios.

Deve-se aproveitar nossa passagem por este mundo conhecendo mais as coisas em todos os momentos disponíveis, inclusive no envelhecimento que celebre a vida. Eu gosto de pensar que dentro de 10 anos estarei vivo e terei alcançado uma sabedoria ainda maior em prol da ciência, da convivência, do compartilhamento social que acredito. E, claro, frequentando o laboratório até o último dia da vida e concebendo ou propondo experimentos. Realizá-los, infelizmente, já não dá. Os olhos não permitem! Depois o que acontecerá? Talvez nós sejamos lembrados pelos trabalhos que publicamos e pelos estudantes que formamos para realizar ciência – únicas coisas que restam, ou talvez nem isso!

***

Uma de suas orientadas, que vive intensamente tudo o que acontece no laboratório e nas reuniões e simpósios, que participa questionando tudo o que se relaciona com a atividade científica, argumentou:

– Nos últimos eventos científicos que participei várias pessoas realçaram, de maneira clara e inteligente, as qualidades que um cientista brasileiro deve possuir nas áreas de educação, pesquisa básica e aplicada, originalidade e orientação de estudantes, bem como revelaram a paixão contagiante que o cientista deve possuir para desenvolvimento de suas ideias, hipóteses, e pela transferência do conhecimento visando ao futuro de seus discípulos. Mas, em ciência, os tempos não são previsíveis e muito menos as aplicações, mas toda boa ciência termina revertendo a sociedade em um novo conhecimento sobre o qual se compactam os novos saberes.

"Mestre", estas qualidades dos cientistas fazem sentido? O que acha desses argumentos sobre educação em ciência básica?

Ele retorquiu imediatamente:

– A questão é simples, deve-se cultivar a ciência básica por si mesma, sem considerar o momento das aplicações. A ciência básica busca a fronteira inexplorada, o desconhecido e por isto é intrinsecamente desordenada e imprescindível. Por isto ela é uma pesquisa fundamental. Deve-se cultivar então essa ciência por si mesma sem considerar pelo momento das aplicações. Estas chegam sempre. Isto é tão óbvio e simples que pode ser alentadora ou desoladora. Sem ciência básica séria, não há formação de novos cientistas; sem a cultura científica séria, não há cultura para a inovação e o fortalecimento do sistema industrial. A inovação deve ter como objetivo, as necessidades dos seres humanos. Hoje se enfatiza o desenvolvimento e a inovação como finalidade da atividade científica. Isto não deve ser considerado. Às vezes, classificar um artigo científico de básico não está correto, pois no futuro os dados apresentados podem ser aplicados. A fronteira entre estes dois campos experimentais é muito tênue.

Pode ser que não seja a qualidade do conteúdo científico em questão, e sim o ponto de despertar em alguém algo promissor e inovador. É precisamente devido a isto que a pesquisa básica gera resultados que salvam vida, desenvolvem plantas mais produtivas, novas vacinas e criam novos empregos. O que é investigado na pesquisa básica são respostas a questões tão fundamentais, como o fato de que a vida é feita de átomos que existem desde que o Universo foi criado ou de como surgiu o Universo e a vida. Carl Sagan disse: "Para inventar a torta de maçã, primeiro teve que se criar o Universo." A verdade é que nossa realidade, constituída fundamentalmente de átomos e energia, não existiria se valores das constantes físicas relacionadas com os átomos e os níveis subatômicos fossem ligeiramente diferentes do que são. O tempo inteiro as matérias do Universo estão conectadas aos níveis subatômicos através de mudanças quânticas de energia. Nós somos pacotes pulsantes em permanente interação com esse oceano de energia, pois os átomos que nos fazem os seres vivos existem a bilhões de anos.

Na ciência quanto mais se sabe, mais perguntas profundas e específicas são formuladas. Isto é o mais fascinante na atividade científica. A ciência deve favorecer a manifestação das melhores formas de talento criativo e dar acesso a ela ao maior número de pessoas capazes de desfrutá-la e fazer coisas úteis para a sociedade é papel dos cientistas. Sempre me perguntam: "Quando a população vai usufruir dos novos conhecimentos?" Necessitaria de uma bola de cristal para responder. É verdade que a pesquisa básica se percebe somente depois de muitos anos, ou seja, é um investimento de longo prazo, porque seus resultados raramente levam a uma aplicação imediata como desejaria a sociedade. Mas se não for assim, em longo prazo a indústria estará pobremente apoiada devido à falta de uma investigação básica forte. É um equívoco seguir a noção simplista e obsoleta de que um país pode viver somente de transferir tecnologia, se ao mesmo tempo dificulta a geração de conhecimento novo. Isto não se deve somente à limitação do conhecimento científico, mas sim de uma vontade maior para realizar a transferência de conhecimento à prática e ao uso diário da sociedade.

***

Após tomar um pouco de chá de folha de amora miúra que o enche de energia, ele continuou:

— Nos últimos anos têm-se estabelecido estratégias para acelerar a transferência e a aplicação dos resultados da pesquisa básica na área biomédica, por exemplo. Este é um momento especial e relevante devido ao aumento exponencial do conhecimento desenvolvido nos laboratórios em áreas como a bioquímica, biologia molecular, genômica, proteômica e metabolômica. O paradigma antigo que envolvia a pesquisa básica, pesquisa aplicada e desenvolvimento tecnológico transformou-se no novo paradigma que envolve a cadeia: pesquisa básica livre, pesquisa básica induzida, pesquisa aplicada ou pesquisa aplicada pré-competitiva (onde apropriada) e desenvolvimento de produtos e processos. Vou dizer de uma maneira um pouco exagerada: deve-se substituir a síndrome do *publish or perish* ("publicar ou perecer"), de certo modo, para *patent, publish and prosper* ("patentear, publicar e prosperar"). Esta síndrome da linguagem dos "pês" deve ser avaliada seriamente. A pesquisa básica, não resta dúvida, pode ser medida pelo número de publicações e índice de impacto da revista onde o artigo foi publicado. A mim não importa quantos autores me citam, e sim quem e como eles citam. Não me interessa a lâmpada, e sim a luz que ela emana. A pesquisa orientada para as indústrias pode ser avaliada pelos números de patentes e pelas inovações que um dia poderão virar patente e produtos.

Há vários modos de avaliar a ciência de um país. O índice H é muito popular nos dias de hoje. Nós podemos certamente usar este índice para medir a ciência brasileira e sua relação com a ciência produzida em outros países. Mas a ciência brasileira deve inicialmente fazer a diferença. Talvez tenha que se criar um novo índice, um índice B, que será um índice Brasil. Este índice não medirá somente a qualidade de nossa ciência, mas também o bem que nossa ciência faz à Universidade, à população e à indústria brasileira, por encarar os desafios futuros do país.

A tendência em favor de ferramentas de medição parece um instrumento de transparência simpático e barato, mas traz soluções que não são únicas, senão se perde a crença de que a quantificação é igual à qualidade. São citados riscos metodológicos a não consideração da geografia – região do país que produziu os artigos – e das disciplinas consideradas, dúvidas epistemológicas sobre as análises de citação de artigos ou desconhecimento da estrutura social e idiossincrasia acadêmica de grupos e redes.

***

Ouvindo este racional provocativo de um critério de avaliação, um de seus estudantes perguntou:
– Se a educação e a ciência são tão importantes não se deve parar de ensinar como fazer ciência, não é verdade? Mas, por outro lado, tem que se pensar no futuro de estar na fila de um concurso para uma vaga que está sempre sendo disputada por vinte a trinta bons pós-doutorados. Isto nos dá uma intranquilidade danada. E você "Mestre" que também já foi gestor de instituição científica e de ministérios? Como associar essas coisas? Como a política científica socorre este ponto? Como continuar acreditando e fazendo ciência?

Este tipo de questão o incomodava e ele não podia fazer nada para modificar. Sua resposta foi cautelosa:
– Sabe-se que a realidade não é tão boa como se pensa. Por vezes, ela é insuportável. Como diz um amigo: "Tudo que pode sair mal, não resta dúvida, sai mal." Mas o governo está preocupado com isto. Temos que acreditar no futuro. Com o tempo a gente fica mais realista e se pode dizer que o período de desilusão já é passado. Criou-se um programa nacional de pós-doutorado com bolsas com validade de cinco anos de duração. Nele podemos colocar nossos melhores estudantes de pós-doutorado. Está se criando novos polos universitários e concursos nos departamentos e institutos de pesquisa envolvidos. Para fugir das velhas ideias necessitam de irreverência, criatividade, ousadia e paciência. Como criar esta cultura da irreverência onde começarão a desafiar o esta-

belecido? A cultura onde a irreverência será tolerada e não combatida? A cultura onde haverá uma tolerância para tomadas de riscos e falhas? Às vezes penso como Richard Feynman, que disse: "O desafio não é criar novas ideias, o desafio é escapar das velhas ideias." Isto é muito difícil! Com certeza, vagarosamente nossos estudantes talentosos serão absorvidos pelo sistema educacional e científico nacional.

Quanto ao problema da gestão é simples. Exigem-nos estar na fronteira do conhecimento e fazer ciência é caro. Não é de se estranhar quando em ciência se fala de qualidade, de equipes mais fortes ou mais fracas, porque os pesquisadores, em todos os países desenvolvidos, são constantemente avaliados a partir dos quais se financia seu trabalho por um período. Antes de aprovar o financiamento para seu projeto, se avalia – por comitês científicos sérios – a importância da proposta e sua originalidade, como também a trajetória do pesquisador, a viabilidade da ideia... O cientista é avaliado sempre do lado científico, bem como do gasto do laboratório. É fiscalizado real por real das despesas cotidianas até limites insuspeitados. E isso é bom! O ruim é a burocracia que está atrás disto.

Por isso chega um momento em que é interessante um cientista dedicar-se à administração de instituições, tentar diminuir a burocracia e resguardar para que os pesquisadores mais jovens sejam liberados das "distrações", como a busca de financiamento para seus laboratórios, a manutenção de infraestruturas ou a política científica, e possam dedicar-se completamente à ciência. Isto não significa que a gente abandone o laboratório, discuta e tome decisões com os orientados sobre experimentos a serem realizados. A direção de uma instituição é às vezes maravilhosa e às vezes frustrante. Aliás, como todos os trabalhos em que temos que tratar com pessoas, observa-se que algumas são muito individuais, outras são grandes cérebros com personalidades muito fortes. São exercícios permanentes de relacionamentos com pesquisadores, Ministros, Agências Financiadoras, Institutos, Universidades, políticos e tudo mais. É uma aprendizagem constante.

ENCANTOS E PROBLEMAS

O interessante é que todas estas estruturas gerenciais de ciência, dentro das possibilidades, têm o objetivo de incrementar o conhecimento e fazer pesquisa básica de fronteira, que necessitam de muita tecnologia moderna e recursos financeiros, pois ela geralmente é muito dispendiosa.

**

O cientista tem o direito de aprender a arte de dialogar com seu passado. Isto é uma maneira de enriquecê-lo. A história é a alma do laboratório, conta fatos, reforça sua origem e retém um caráter que necessita muito tempo para ser construído. Mas a vida não é somente olhar para trás. Chega o momento que se deve fazer uma escolha entre o futuro e o passado, entre a preservação e o desenvolvimento. A ciência caminha sempre em direção ao futuro. Temos que acreditar no futuro. Não podemos parar de fazer ciência. Esta "emenda seria pior que o soneto". Tem que se ir em frente desenvolvendo sem medo as possibilidades de nossas hipóteses. Compreendemos que é necessário muito trabalho para se construir a uma ideia, não basta ter a liberdade de construí-la. Ciência não é verdade, é evidência. Fazer a experiência correta é um trabalho que em certas ocasiões é muito difícil. Os cientistas estão sempre buscando novas perguntas e pensando constantemente em novas ideias para solucionar velhos problemas. Eles devem produzir artigos bem-feitos e originais em suas carreiras e se manterem criativos. Poderíamos dizer que todos os trabalhos científicos têm algo em comum: em várias ocasiões chega o desânimo, mas, no final, os cientistas são recompensados pelo prazer de descobrir. A ciência é um labor silencioso, com fracassos e vitórias, cujos benefícios fornecem não só conhecimento, mas também bem-estar e cultura. Isto é essencial para um cientista. Fazer ciência não é uma coisa de momento, e sim uma agradável atitude de criatividade que se converte numa boa coisa em nossas vidas. Esta criatividade, que depende da área de atividade científica escolhida, leva os cientistas progressivamente a explorar diversos campos científicos em busca de resultados relevantes.

***

Na ciência é muito difícil saber quando algo está terminando, ou se está ainda no início. Por isso o tempo não tem limite. Às vezes, temos ideias que nos deixam pensando por anos sem saber como desenvolver, chegar lá. Sentimo-nos até inseguros ou confusos ou mesmo incompetentes, na corda bamba, equilibrando e quase caindo. Nesta hora é melhor o espírito da solidão, não do cientista com ele mesmo, e sim frente a seus alunos até clarificar seus pensamentos, enxergar as coisas mais claramente. De repente a solução vem à cabeça e necessitamos realizar os experimentos o mais rapidamente possível. Como se diz nas Minas Gerais: "Chega a hora de transformar a cana em garapa." Não importa que seja sábado ou domingo ou feriado. O importante é realizá-lo. Isto tem a ver com nosso desenvolvimento interior, sobre alguma área cerebral que não temos acesso por ainda desconhecê-la. Mas ela está lá, ativa o tempo todo. Devemos escutar nossos sentimentos, nossas emoções, pois eles saberão quando estamos corretos sobre uma ideia ou não, e a solução brota naturalmente. Por isso a ciência não para, não tem fronteira e limites. Se fizer isto, acreditar e investir no futuro, não tenho dúvidas, as oportunidades surgirão. O futuro da nação depende do sucesso de fazer do Brasil um polo global de criação do conhecimento. Para isto precisamos de muitos cientistas e vocês fazem parte do projeto de um novo país.

***

E, entusiasmado como nunca, continuou sua explanação sobre como a mente de um estudante, inovadora e formada em um bom laboratório, que vai-se dedicar à ciência, deve ser:

ENCANTOS E PROBLEMAS

– O pensamento da sociedade está muito codificado pela tecnologia moderna. Mas as ideias do cientista continuam sendo livres, com seus sonhos impossíveis. Estas coisas se transformam em um charmoso delírio que tem a ver com a liberdade do ser humano. Sigmund Freud, fundador da psicanálise, tinha muitos defeitos e se equivocou muitas vezes. Mas nos ensinou uma coisa verdadeira: somos suficientes, dependemos de nós mesmos e vivemos à nossa própria custa. Ao acreditar nisso passamos a ser compreensíveis, colaboradores e compartilhamos nosso conhecimento com o mundo que nos cerca, ao contrário da política e da religião que sustentam que o conhecimento dos seres humanos não pode bastar-se por si. Não se necessita nem de ideologia nem de religião para que sejamos seres humanos, curiosos, explorativos, criativos e justos, nem para estudar, criar, contemplar, conviver e celebrar. É necessário um sistema de aprendizagem vibrante, sensível, que seja menos burocrático, menos hierárquico, mais informativo e participativo.

O verdadeiro estudante que quer se dedicar à ciência deve ter uma sensibilidade artística para a criação e sentido crítico para mergulhar na harmonia deste complexo sistema biológico. Pois ele deve levar em conta a enorme complexidade existente para explicar os resultados obtidos nos laboratórios. Isto nos mostra que a ciência nos proporciona inspiração e consolo e representa a liberação do espírito, porque é uma oportunidade única de comunicar as coisas o mais próximo da verdade. Não é surpreendente que o orientado dedique parte de seu tempo "livre" à análise comparativa de seus dados. No fundo é uma complementação de sua atividade experimental no laboratório.

***

O "Mestre" agora discutia com alunos de pós-graduação a filosofia da ciência onde o resultado é sempre provisório e progressivo, mas é tão importante e belo quanto o resultado das cores de um quadro pintado por Gauguin ou van Gogh. Ou seja, os experimentos normalmente vão aprofundando um determinado problema, trazendo resultados e ideias novas sobre aquele determinado fenômeno biológico. E assim a hipótese científica progride e aparece o novo conhecimento.

Uma estudante mais afoita que vive questionando sobre todas as coisas, veementemente, entrou de supetão naquelas reflexões, deixando o "Mestre" assustado, dizendo com ênfase:

– Você sempre diz que a ciência não para, que os resultados não são definitivos. Dentro desse racional nós podemos imaginar uma ciência que esteja sempre produzindo novos dados, novos conhecimentos. Dê algum exemplo de um progresso científico que mostra esse lado da ciência – falou a estudante provocando, mais uma vez, seu orientador.

Ele começou a responder entrando de corpo e alma em mais uma viagem em sua mente:

– Viver sem entender a ciência nos dias atuais é complicado. Hoje, discutimos mudanças climáticas, fontes de energia, seleção genética de crianças, inteligência artificial, vacina de DNA, células-tronco e tantas coisas mais. Quem não compreender ciência não vai participar nem opinar sobre estas grandes questões de nosso tempo. Sobre células-tronco, por exemplo, um grupo de cientistas abriu um caminho evidenciando um método rápido e eficaz de reprogramação nuclear, algo que não somente ajuda a compreender o mecanismo deste processo, mas também facilita o desenvolvimento de células-tronco totipotentes induzidas. O artigo publicado na revista *Nature* mostra a identificação de uma proteína-chave no processo. A ideia central destas pesquisas é converter células-tronco totipotentes em instrumento fundamental da medicina regenerativa, criando células específicas para o paciente. Assim, se poderiam cultivar tecidos para substituírem os tecidos lesados no organismo. Isto é um dos sonhos da ciência atual! Será que em um futuro próximo teremos a utilização desta nova terapia nos hospitais?

HISTÓRIAS SOBRE CIÊNCIA

O "Mestre" é um exímio contador de histórias. Dentre tantas contadas vamos relatar algumas. Ele sempre diz que: "Desde os tempos de Newton e Galileu a ciência vem produzindo um imenso conhecimento que está multiplicado exponencialmente nos dias de hoje. A ciência é ativa e contínua, melhora constantemente seus modelos e teorias através de experimentos cada vez mais exigentes e refinados. A única forma de manter-se atualizado com esse progresso científico acelerado é ser parte dele e assimilar as explicações racionais e os 'causos' dos cientistas." Conversando com seus alunos, dentro dessa argumentação, ele cita alguns exemplos recentes do desenvolvimento sem limites da ciência em diferentes áreas do conhecimento. Algumas delas nos deram muitos cientistas famosos que inclusive ganharam o Prêmio Nobel.

***

Ele começa, no primeiro exemplo, com a experiência espacial. Há 40 anos o homem pisou na lua pela primeira vez. Hoje, grandes países executam seus trabalhos com cooperação, a bordo da Estação Espacial Internacional. Astronautas de distintas nacionalidades trabalham em um imenso laboratório, fruto da cooperação entre os EUA, Rússia, Japão e Canadá, do tamanho de um campo de futebol que orbita a 250 km da Terra. Quem não se lembra da foto do planeta Terra vista a 384 km, como uma pequena bola de golfe, mostrando que o nosso planeta é somente uma pequena parte na engrenagem do Universo. Mas o planeta respira. Os primeiros parâmetros essenciais da respiração global do planeta mostram que as plantas absorvem 122 bilhões de toneladas de CO_2 mediante a fotossíntese, e 34% do total correspondem às florestas tropicais, seguidos por 26% das savanas que ocupam o dobro do território.

Talvez daí tenha nascido a sensação psicológica da globalidade e a tecnologia espacial, mudando o paradigma e sendo uma ferramenta para estimular a união dos povos – o que até hoje, infelizmente, não conseguimos.

Atualmente, de maneira invisível, nossa vida cotidiana se sustenta nos sistemas espaciais como nas informações meteorológicas que nos ajudam a decidir nosso final de semana, se vai dar praia, ou melhorar a segurança do tráfico aéreo; utilização dos cartões de crédito pelo mundo todo, desenvolvimento de sondas e robôs, as telecomunicações por satélites, que oferecem canais de televisão digital e cobertura telefônica até regiões distantes e remotas; o sistema de posicionamento por satélite (GPS), que facilita o motorista de táxi a encontrar uma rua desconhecida ou rastreia um automóvel, socorre o sistema de vigilância e defesa; o conhecimento dos fatores explicativos das mudanças climáticas e a prevenção de catástrofes naturais refletindo na política de energia eólica e na energia fotovoltaica que nos dá um novo lugar debaixo do sol, da saúde pública, da agricultura e do meio ambiente. A tecnologia espacial tornou-se uma ferramenta para melhorar o bem-estar dos cidadãos.

Finalmente, 40 anos depois de o homem pisar na lua, observa-se os valiosos conhecimentos gerados, que nos oferecem novas informações não somente do Universo e suas origens, mas também da complexidade de nosso planeta e das condições que fazem a vida possível. Não se pode esquecer também que estas tecnologias geraram novos produtos e serviços, como, por exemplo, o teflon, a fibra de carbono que é utilizada na estrutura dos aviões, etc. A tecnologia espacial tem avançado muito, que é provável que nos próximos 10 anos o ser humano tenha uma ideia mais clara se está sozinho ou não no Universo. Rastreando o espaço seremos capazes de descobrir se os planetas têm continentes e oceanos e o tipo de atmosfera que eles possuem. Espera-se que este avanço espacial seja importante no desafio que a humanidade enfrentará também nas próximas décadas: a preservação da ecologia e do planeta Terra.

***

O "Mestre" sempre dá exemplo de um dado concreto sobre a medida do tempo. Observa-se que a metrologia temporal sofreu uma grande evolução ao longo dos séculos, marcada pela melhoria constante dos dispositivos e métodos utilizados. Sabemos que há um tempo nítido e irreversível que não volta atrás: o dos fenômenos biológicos e químicos. Há outro tempo carregado de enigmas, o da curvatura espaço-temporal descrito na teoria da relatividade de Einstein no início do século passado. Hoje já existem experimentos que calculam com uma precisão dez mil vezes superiores os fundamentos da teoria da relatividade de Einstein. Trata-se de uma versão em escala atômica de experimentos clássicos com os relógios perfeitamente ajustados na mesma hora, em que um deles é submetido à gravidade e o outro é lançado à grande altura, para provar que o tempo entre eles varia. No novo experimento se utilizam átomos de Césio em lugar dos relógios. O trabalho publicado na *Nature* baseia-se em dois aspectos fundamentais da descrição quântica da matéria para realizar uma das mais precisas provas da teoria da relatividade geral. Neste artigo, descrevem-se cada átomo como um minúsculo relógio, que, mediante pulsos de *laser*, aproveitando a dualidade onda–partícula da mecânica quântica, mede-se o minúsculo desvio que gera a gravidade no átomo submetido à gravidade terrestre ou ligeiramente liberado da mesma ao ser atirado para cima por um *laser*.

Tudo isto é muito interessante, mas, o que é tempo para o planeta? O tempo pode ser considerado em várias escalas. Para o vírus, é importante o minuto. Para a bactéria deve ser a hora. Para o ser humano talvez os anos tenham valores. Para os agentes responsáveis pelo processo de formação da vida e evolução das espécies têm que ser considerado milhões de anos. Tudo é relativo, não é? Aliás, até recentemente, se imaginava que o processo evolutivo dependia de DNA e RNA. Hoje se sabe que os príons conseguem adaptar-se e desenvolver resistência a fármacos, um fenômeno que até recentemente somente aparecia em bactérias e vírus.

Como os príons são compostos somente de proteína, isto significa que o padrão evolutivo darwiniano torna-se universalmente aceito. A resistência a drogas nos vírus depende de mutação ligada a mudanças na sequência do ácido nucleico. Agora esta adaptabilidade chega também ao nível dos príons e do enovelamento da proteína, ou seja, a proteína numa estrutura tridimensional. Fica então claro que não são necessários os ácidos nucleicos para o processo evolutivo.

***

Aliás, são várias as razões que explicam o surgimento de espécies resistentes de bactérias. Em primeiro lugar, o uso de antibióticos favorece o crescimento de variantes bacterianas resistentes em relação às que não são. Isto é a razão do porquê as bactérias evoluem e faz isto praticamente em tempo real. Não é necessário esperar milhões de anos, como é o caso dos animais ou de plantas, para aparecer espécies bacterianas novas, ou pelo menos novas cepas. A reprodução de bactérias é tão rápida que somente em um ano podem produzir milhares de gerações, cada uma ligeiramente diferente da anterior. Para se ter uma ideia do que isto representa, em somente um ano para as bactérias pode-se supor um tempo evolutivo similar a 250 000 anos para a nossa espécie. Sua rápida evolução permite à geração de variantes mais resistentes a ação de um antibiótico administrado.

***

Como a determinação do tempo evoluiu na história da ciência? No início o sol era considerado como referência natural em função dos dias e das noites. Depois foram desenvolvidos instrumentos que usavam o escoar de líquidos, areia ou a própria queima de fluidos, chegando aos dispositivos mecânicos que originaram os pêndulos e os relógios antigos. Com o conhecimento do átomo, os relógios de quartzo passaram a servir como padrões de referência. Posteriormente, foram desenvolvidas técnicas que permitiam medir o tempo com precisão, como nos relógios atômicos. Aliás, estes foram utilizados nos processos que necessitam de medidas precisas, como nos satélites dos sistemas de geolocalização como o GPS.

Recentemente os pesquisadores criaram técnicas de detecção ultrarrápida que permitem até observar o que se passa no diminuto mundo de uma reação química. Sabe-se que os átomos e as moléculas se movem em frações muito pequenas de tempo, chamadas de femtossegundos. Um femtossegundo é o segundo dividido por um trilhão. Dá para imaginar isso? É difícil, não é? Um femtossegundo é algo como o segundo relacionado com 32 milhões de anos. Em um femtossegundo a luz percorre 0,3 milésimos do milímetro, que é o valor aproximado do diâmetro de uma bactéria pequena. Isto é muita coisa no mundo das medições. Com tempos cada vez mais curtos temos o equivalente a distâncias mais curtas, o attossegundo – tempo necessário para a luz atravessar um próton – permite observar mudanças dentro dos átomos e dos ultrarrápidos elétrons.

Na química tradicional medimos a reação quando começa e quando termina. Mas não se sabe o que ocorre entre esses extremos: início e fim. Ou seja, somente se imagina o que ocorre nas reações químicas durante a transição dos átomos e das moléculas. Agora, com delicados filmes de femtossegundos pode-se observar essa fase intermediária das reações químicas. Já existem técnicas que permitem identificar as moléculas participantes do processo reativo, bem como observar também suas estruturas durante o processo metabólico.

Esta técnica está associada à microscopia eletrônica em quatro dimensões (4D) – aquela capaz de capturar as três dimensões espaciais mais o tempo. Esta metodologia torna-se uma ferramenta poderosíssima para demonstrar a estrutura estática da matéria na escala atômica, e pode ser utilizada nos estudos de sistemas físicos e biológicos para observarem, por exemplo, os componentes das células, ou as próprias proteínas e suas estruturas tridimensionais. Ela se baseia no uso de pulsos de *laser* ultracurtos que permitem observar reações químicas, como os átomos se unindo em moléculas e depois se dividindo novamente em átomos ou moléculas, fenômenos que ocorrem em femtossegundos. A imagem resultante produzida por cada elétron representa uma fotografia de um femtossegundo em um dado momento no tempo da reação. Como um filme, nós temos os quadros que gerados sequencialmente são montados em um filme digital. As imagens desenvolvidas no microscópio revelam o que acontece com detalhe na escala atômica. Este é um belo exemplo envolvendo a evolução na determinação do tempo.

* * *

Após tomar um pouco de água mineral, ele, caminhando de um lado para outro, prosseguiu com aquela história fascinante:
– Continuando este raciocínio, vou dar agora outro exemplo. Poderemos "enxergar" com detalhes, em alta resolução, bactérias depositadas na ponta de uma agulha de costura, um piolho em um fio de cabelo humano, um ácaro na cabeça de uma formiga, o voo do pólen ao sair dos estames de uma flor, graças à tecnologia de última geração e a possibilidade de "ver" em um formato tridimensional. Estas imagens são únicas,

impactantes, comovedoras e impressionantes, de grande fidelidade e com alto rigor científico.

Um artigo que recentemente foi publicado na revista *Science* mostra, pela primeira vez, a visualização dos átomos que formam uma molécula, através de um Microscópio de Força Atômica (AFM, na sigla em inglês). Antes é importante lembrar que o microscópio de varredura por tunelamento (STM) foi inventado por Gerd Binnig e Heinrich Rohrer, da IBM de Zurique, em 1981, e foi o primeiro instrumento capaz de gerar imagens reais de superfícies, com resolução atômica. Em 1986 seus inventores ganharam o Prêmio Nobel de Física. Depois dos primeiros relatos vários trabalhos sobre a técnica foram desenvolvidos, registrando-se imagens atômicas de superfícies de semicondutores, assim como de moléculas adsorvidas quimicamente. Ainda mais, a espectroscopia de tunelamento com varredura (STS, na sigla em inglês), a qual mede a condutância de tunelamento *versus* a voltagem de polarização em uma posição específica do feixe, proporciona informação estrutural eletrônica local da superfície, a qual é resolvida em escala atômica.

***

A partir de uma modificação do microscópio de tunelamento, combinado com um profilômetro *Stylus* (aparelho para medir rugosidade em escala microscópica), os cientistas Binnig, Quate e Gerber desenvolveram o AFM em 1986. O aparelho é capaz de tornar visível até as menores estruturas moleculares de um material biológico. A identidade química de átomos individuais depositados sobre uma superfície já pode ser determinada por esta tecnologia. Ou seja, os pesquisadores já podem olhar para um material e capturar átomos individuais de diferentes elementos sobre uma superfície, como o estanho e o silício. Este fato é extremamente importante no âmbito na nanotecnologia e na eletrônica molecular. A molécula estudada foi o pentaceno ($C_{22}H_{14}$), que consiste em cinco anéis de benzeno ligados formando uma cadeia aromática. Os autores mediram os estados de carga dos átomos e investigaram como se transmite a carga através das moléculas ou de redes moleculares. Além disso, os pesquisadores conseguiram descobrir que a força repulsiva permite obter o contraste suficiente para a imagem proceder ao efeito quântico, denominado princípio de exclusão de Pauli. Nos últimos anos tinha sido possível definir "nanoestruturas", a escala atômica, e agora, com esta técnica, foi possível mostrar a estrutura química de uma molécula com uma resolução atômica, observando os átomos individuais.

***

Começamos a nos familiarizar com esta área emergente do conhecimento baseada no controle do tamanho dos objetos, que podem chegar a serem tão pequenos que possuem somente um número pequeno de átomos: isto é a área da nanociência. É uma atividade interdisciplinar abrangendo projetos químicos, bioquímicos, biomédicos, físicos, biofísicos e de outras áreas. Sua aplicação prática, a nanotecnologia, se encontra como base de inúmeros desenvolvimentos tecnológicos em todas as atividades industriais como a eletrônica, comunicações, energia, alimentação, novos materiais entre outras.

Veja que belos exemplos da importância da nanociência. A revista *Science* recentemente publicou um artigo da Universidade de Harvard onde mostra um novo nanotransmissor menor que muitos vírus, que pode ser colocado no interior de uma célula e registrar sua atividade sem modificá-la. Este novo dispositivo possui um diâmetro cem vezes menor dos que eram utilizados. Este equipamento recebeu o nome de "nanotransmissor de efeito de campo" – conhecido como nanoFET. Seus descobridores afirmam que estes transmissores podem ser utilizados para medir o fluxo de íons ou os sinais elétricos na célula, especialmente nos neurônios, bem como detectar a presença de compostos bioquímicos no interior da célula.

É conveniente lembrar que os diâmetros das células humanas variam de 10 micra (como os neurônios) a 50 micra (como as células cardíacas).

Também acaba de ser desenvolvida uma forma mais efetiva de penetrar no mundo nanoscópio através de uma antena ultradiminuta, similar às encontradas nos telhados do mundo inteiro para a recepção do sinal de televisão, porém mais de um milhão de vezes menor. Esta antena está composta por elementos de ouro especialmente desenhados que permitem atuar sobre a luz que emite somente um ponto quântico. Ela consegue concentrar a luz em volumes menores do que seria possível com os métodos convencionais, pois com este avanço em "nano-ótica" tem-se conseguido determinar a direção com que a luz interage com a matéria, o que poderia ser útil para coisas tão diversas, como diminuir um microscópio ou estabelecer conexões entre diferentes "nanotransmissores". Esta descoberta, publicada na revista *Science*, tem implicações importantes nas tecnologias da informação ótica em "nanoescala" e em sensores ultrassensíveis, para detecção de quantidades ínfimas de substâncias. Além disto, as "nanoantenas" poderiam ser utilizadas no futuro para conectar circuitos "nanofotônicos", para aumentar a eficiência em células solares ou para melhorar a extração de luz em fontes luminosas.

Este trabalho faz parte da pesquisa mundial no controle de luz em "nanoescala" que tem como destaque o controle mediante luz das propriedades de moléculas individuais à temperatura ambiente (publicado na revista *Nature*). Este avanço abre importantes vias para a regulação e a manipulação em "nanoescala" da matéria com luz, e suas aplicações a energias fotovoltaicas, tecnologias da informação, técnicas de imagem de objetos e tecidos biológicos com super-resolução, etc.

***

Um dia o "Mestre" chegou ao laboratório, meio alucinado, dizendo que é possível filmar com nitidez como se movimenta um elétron dentro de um átomo de hidrogênio à velocidade aproximada de 7,8 milhões de quilômetros por hora, como também a estrutura tridimensional ultrarrápida de uma proteína.

Como sempre, com os detalhes possíveis, ele explicou:

– A "attociência" é uma disciplina que procura compreender e filmar os acontecimentos mais rápidos que ocorrem na natureza, com o objetivo de resolver problemas científicos importantes. Os experimentos se medem em attossegundos – unidade de tempo que equivale à trilhonésima parte de um segundo, ou seja, o 1 precedido de 18 zeros. Para que serve esta medida com tanta precisão?

Perguntou a si mesmo. E continuou respondendo a pergunta como se nada tivesse acontecido:

– O planeta não é estático, e todo comportamento é dinâmico. O conhecimento preciso de interações muito pequenas – em nível nanométrico – permite conhecer como ocorrem os processos biológicos e bioquímicos. Vamos dar alguns exemplos. O primeiro é o dos *chips* dos computadores que funcionam com eletricidade e os elétrons que se movem em seu interior. Cada nova geração de computadores utiliza *chips* mais rápidos, com estruturas cada vez mais densas e menores para poder aumentar a potência do equipamento. Estamos quase alcançando o limite físico que somente será possível ultrapassar entendendo o movimento eletrônico e como se interage com os átomos vizinhos. Outro belo exemplo é o caso de fármacos como a talidomida – usado para reduzir náuseas nas mulheres grávidas. Muitas substâncias são sintetizadas em reações químicas que podem produzir produtos com propriedades semelhantes. Neste caso se descobriu infelizmente que a talidomida pode ter efeitos secundários no recém-nascido. De modo semelhante sabemos que as mudanças espaciais nas proteínas determinam suas funções. Sabe-se que a posição dos elétrons no interior das moléculas proteicas determina a forma que uma determinada região da proteína se estabiliza. Uma estrutura tridimensional incorreta pode induzir Alzheimer, por exemplo.

E o "Mestre" continuou entusiasmado com sua explicação:

– O comportamento e as mudanças que se produzem nos átomos e nas moléculas determinam as propriedades que possuem um material, como os *chips* de um computador, as reações químicas de um fármaco ou como as proteínas agem incorretamente causando Alzheimer. Um laboratório de attociência é uma câmara ultrarrápida que detecta modificações dos elétrons no interior da matéria.

Para produzir estes feixes de attossegundos é necessário um *laser* único de luz com comprimento de ondas muito pequeno e intenso, que funciona de um modo controlado dentro de câmara a vácuo, contendo átomos como o argônio e o néon. O raio *laser* deve ser suficientemente potente para deslocar um elétron do átomo de argônio, por exemplo, e conduzi-lo de novo a sua origem. Com isto o elétron adquire energia e a emite como *flashes* de raios X que duram attossegundos e isto permite a medição de sua interação com outros átomos e moléculas.

***

Seus estudantes deliciavam-se com a viagem no tempo que o "Mestre" fazia naquelas reflexões, considerando fascinantes os exemplos que estavam sendo colocados e discutidos.

Ele continuou com entusiasmo:

– Numa outra história pode-se imaginar se existe vida em outro planeta. A Terra se formou há mais ou menos 4,5 bilhões de anos e as suas formas mais primitivas de vida apareceram sobre sua superfície cerca de 3,8 milhões de anos, quando as condições do entorno permitiram. Assim, a vida aparecerá quase sempre que as condições permitirem. Porém, como detectar a presença de vida em um planeta distante? A vida não somente depende de interações com o ambiente, mas até pode alterá-lo.

Cerca de três bilhões de anos apareceram as cianobactérias que causaram uma das maiores mudanças em nosso planeta: um aumento enorme da concentração de oxigênio na atmosfera. São bactérias de um lado e plantas do outro, e são organismos que colonizam todos os ambientes: marinho, água doce, terrestre e até no ponto mais árido do deserto do Saara se pode encontrar cianobactérias. Foram os primeiros organismos a utilizarem a fotossíntese formando oxigênio, predominante nos vegetais atuais, como resultado final da transformação do CO_2 atmosférico para oxigênio. Hoje, 21% das moléculas da atmosfera são compostos de oxigênio. Porém, a alteração que produz a vida no meio não é necessariamente permanente: sem os seres vivos estes gases sofreriam reações químicas entre eles e alguns desapareceriam. Por isso nossa atmosfera se encontra em desequilíbrio químico constante. Esta é uma prova irrefutável da presença da atividade biológica em nosso planeta.

A melhor oportunidade para caracterizar a atmosfera de um planeta é quando ele passa diante de uma estrela. Quando isto ocorre, da Terra pode-se ver que parte da luz da estrela atravessa a atmosfera planetária, e esta luz se vê modificada por seus compostos químicos que essa atmosfera contém. Analisando a luz de uma estrela durante e depois da passagem do planeta, se obtém o espectro de transmissão (a distribuição de cores) do planeta, que nos permite estudar os elementos que estão presentes em sua atmosfera. Mediante estas observações pode-se facilmente detectar a presença de oxigênio, água, nitrogênio, CO_2 e metano na atmosfera. Surpreendentemente, alguns gases de origem biológica, como o metano, mostram muito mais destaques que os modelos predizem. Um cientista que nos observa de uma estrela distante não tem nenhuma dúvida em identificar nosso planeta como cheio de vida.

A caracterização de atmosferas de planetas extrassolares e a busca de vida fora do sistema solar podem ser investigadas de maneira mais simples do que o previsto. Existem outros biomarcadores, como os fluoroclorocarbonos, ou quaisquer gases produzidos pelo ser humano – no caso são indicadores de vida inteligente. Outro biomarcador interessante é a combinação de cores que se introduz nas plantas quando a luz se reflete em suas folhas. As observações da terra serão medidas de referência para a busca de vida em torno das estrelas de nossa galáxia. Mas, vivemos em um mundo que não sabe para onde vai. O futuro é sombrio e, por isto, no início do século XXI não podemos passar o tempo pensando no século XX. Este antropocentrismo do século XXI é nosso ponto de partida para buscar vida no desconhecido, mas também para acabar com a biodiversidade do planeta.

***

Aliás, por falar em biodiversidade, mais de 190 países propuseram diminuir significativamente a perda da diversidade biológica. Não se pode construir a ilusão de que, de alguma maneira, podemos ter uma boa qualidade de vida sem a biodiversidade ou de que ela é secundária no mundo moderno. O planeta de seis bilhões de habitantes, que serão nove bilhões em 2050, necessita desta diversidade para manter o tipo de vida que conhecemos.

Os hábitats naturais do mundo estão diminuindo e uma grande parte das espécies pode-se extinguir. O número de espécies de vertebrados (incluindo mamíferos, répteis, pássaros, anfíbios e peixes) diminuiu quase 1/3 entre 1970 e 2006. O nível de extinção de espécies pode chegar a mil vezes maior do que os registrados em outros períodos históricos. As matas tropicais, as reservas de água doce, os seres marinhos também estão diminuindo. Não podemos esquecer que a biodiversidade permite o funcionamento dos ecossistemas dos quais necessitamos para obter alimento e água. Assim, deve-se manter a biodiversidade em seus três aspectos principais: genes, espécies e ecossistemas.

O "Mestre" com seus olhos brilhando como nunca e entusiasmando cada vez mais com aquelas argumentações inteligentes e racionais, vai mais adiante com suas histórias:

– Da atmosfera dos planetas vou passar para os mares. Os oceanos possuem milhões de pequenos organismos que são responsáveis por mais de 80% de processos, como o ciclo de CO_2, captação de energia ou mudança climática. Isto sem deixar de fora o papel na cadeia alimentar das algas, dos peixes, chegando, é claro, ao ser humano. Um litro de água do mar pode ter pelo menos 25 mil tipos de micro-organismos diferentes. Em oceanos mais ricos esse número pode chegar a 100 mil tipos desses agentes biológicos, alguns com propriedades fantásticas, como a bioluminescência ou toxinas. Entender esta complexidade pode dar respostas a questões tão importantes como a origem da Terra e sua biodiversidade. Por outro lado, nesta diversidade biológica está incluído um grande potencial comercial para desenvolver novos medicamentos ou até mesmo biocombustíveis.

***

Veja o caso das microalgas como esperança para dar utilidade ao CO_2. A água do mar, que pode ser usada para refrigeração de usinas, possui centenas de espécies de microalgas, que, aproveitando o sol, usam o CO_2 para crescer. A quantidade de CO_2 que elas retiram ainda é pequena, cerca de 110 toneladas por ano, o equivalente à quantidade do gás que emite 11 brasileiros. Quando a quantidade de algas é alta, pode concentrá-la e liofilizá-la. Este material pode ser utilizado em função do tipo de alga utilizado. Umas podem ser utilizadas como fonte de pigmentos. Os espanhóis patentearam a *Scedenesmus almeriensis* pelo seu alto teor em luteína, um pigmento utilizado como antioxidante. Entre as utilizações mais importantes das microalgas que crescem rápido, que necessitem pouca superfície de cultivo, e que utiliza CO_2 para crescer, é a produção de óleo que se pode usar como combustível. Ou seja, pode-se conseguir biodiesel através da construção de biorrefinaria que utilize microalgas e CO_2, O_2. Provavelmente, ainda temos que esperar muitos anos para desenvolver um sistema e conseguir rendimentos comerciais deste óleo. Mas o interessante é a mudança de mentalidade que leva a supor que o

CO_2 pode ter uso apesar de ser algo ruim para o planeta nos níveis de emissão atuais.

***

Sem dúvida, a expedição com maior potencial para exploração da biodiversidade marítima é a da Sorcerer II, uma iniciativa de Craig Venter, um dos pais do genoma humano (GH), que começou em 2003 e que está rastreando os mares. Seu objetivo científico consiste em desentranhar o metagenoma dos oceanos – seus micro-organismos, seus genes e como se inter-relacionam. Venter diz que sua ambição é criar a vida artificial – uma bactéria com poucos genes, mas com funções concretas, e compara seus descobrimentos com os de Charles Darwin. Este cientista já detectou mais seis milhões de novos genes e, provavelmente, outros milhares de novos genes serão encontrados.

Recentemente, um consórcio internacional utilizando a técnica da metagenômica fez um levantamento histórico de micro-organismos, zooplânctons, larvas e outros organismos microscópicos marinhos. Chegou-se à conclusão de que eles constituem 50 a 90% de toda a biomassa oceânica. Estes organismos fazem parte essencial da dinâmica e da estabilidade da cadeia alimentar e do ciclo de carbono no planeta. Os cientistas concluíram que existem 100 vezes mais gêneros bacterianos do que se pensava previamente e o número total de espécies de organismos microscópicos marinhos, inclusive bactérias, como as arqueas, chega a um bilhão. Estes estudos seriam impossíveis sem a técnica de sequenciamento de DNA. Estamos desvendando um novo mundo aos nossos filhos.

***

E para continuar aquela viagem pela ciência, o "Mestre" contou mais uma história:

– Veja este outro exemplo que apresenta um grande sucesso de ciência e inovação: o caso do *laser*. Desde 1964 o estudo da luz já concedeu 15 Prêmios Nobel recompensando a cientistas e tecnólogos pelo trabalho neste campo. Aliás, durante o ano de 2010 foram celebrados oficialmente os 50 anos da descoberta do primeiro *laser*. Nestes 50 anos tudo mudou, estabeleceu-se que a luz *laser* é uma ferramenta tecnológica de uso em inúmeras tecnologias desenvolvidas e com sensibilidades adequadas ao novo mundo do desenvolvimento.

Tudo começou quando Einstein em 1916, partindo da lei de Max Planck, imaginou este fenômeno revolucionário e que podia produzir uma luz muito especial. O cientista postulou que existia a possibilidade de estimular elétrons de um átomo para emitir luz com um determinado comprimento de onda. Entretanto, a demonstração experimental deste efeito demorou mais de 40 anos. Hoje, é difícil imaginar que 95% das comunicações da telefonia nos anos 1950 foram considerados uma invenção em busca de uma aplicação – que foi a definição dos raios *laser*. É difícil imaginar o mundo sem o *laser*, que é a base da fibra ótica que faz possível o funcionamento da rede de comunicações que oferece a telefonia ou a Internet; de suportes, como o CD, o DVD; do leitor de códigos de barras; das impressoras a *laser*; dos hologramas de segurança nos cartões de crédito; do desenvolvimento da engenharia aeronáutica ou automobilística; dos bisturis que revolucionam a cirurgia; das miras telescópicas; dos medidores de distância e tudo mais.

***

O *laser* podia ser muito puro, ou seja, contendo unicamente uma frequência ou cor. Os fótons que formam a luz atuam em sincronia, como músicos em uma orquestra, e são extremamente diretivos: o facho de luz se propaga em uma direção muito bem determinada. Ou seja, sua característica é que é uma luz coerente, todos os fótons têm a mesma frequência, fase, polarização e direção. Por isto, concentra grande quantidade de energia em pouco espaço.

Charles Kao, na década de 1960 do século passado, mostrou a todos que o material mais relevante para transmitir a luz era o silício, um dos materiais mais abundantes existentes na crosta terrestre. Ele demonstrou que, se o purificasse suficientemente, uma radiação luminosa que se introduzisse em uma fibra deste material poderia se propagar a uma distância suficientemente grande sem sofrer uma diminuição significativa. Theodore Maiman construiu o primeiro *laser* no Hugues Research Laboratories. Este equipamento começou a funcionar em 16 de maio de 1960. Charles Townes, Nicolay Basov e Alexander Prokhorov compartilharam o Prêmio Nobel de Física, em 1964, por suas contribuições à descoberta do *laser*, que significa *light amplification by stimulated emission of radiation*, ou seja, "amplificação de luz mediante emissão estimulada de radiação".

Na realidade, as comunicações óticas há muito são reconhecidas. O primeiro telégrafo, desenvolvido na França no século XVIII, consistia em várias torres de observação, onde em cada uma delas tinha uma pessoa com um telescópio que observava sinais da torre anterior e os retransmitia para a próxima utilizando sistema de bandeiras. O telégrafo elétrico e o telefone encerraram esse modo primitivo de sinais. No século XIX começaram a se instalar cabos telegráficos e, no princípio do século XX, a informação já era transmitida em segundos. O primeiro cabo telefônico cruzando os mares foi colocado em 1956 e podia transmitir 36 chamadas ao mesmo tempo. Com as ondas eletromagnéticas, como as do rádio, podem transmitir mais informação do que com a telefonia a cabo, e quanto maior a frequência das ondas, maior é a capacidade de transmissão de sinais.

A invenção dos raios *laser*, na década de 1960, levou para vários laboratórios a possibilidade de comunicação ótica por meio do direcionamento da luz por uma fibra de vidro que aumentava a capacidade de transmissão de sinais cerca de 100 mil vezes se comparada à onda de rádio. Inúmeras tecnologias usam a luz *laser* que pode ser empregada nas mais diversas aplicações: médicas (cirúrgicas), como anti-inflamatório, regenerador e analgésico, industriais (como cortar metais e medir distâncias), pesquisa científica (pinças óticas, hidráulica, física atômica, ótica quântica, informação quântica), comerciais (comunicação por fibras óticas, leitores de códigos de barras) e mesmo em nossas casas (aparelhos leitores de CD e DVD, *laser pointer*). Vários países estão sendo mapeados pelo *laser* aéreo. A cada 2 metros quadrados o *laser* determina a altura desse ponto com uma precisão de 10 centímetros. Esta tecnologia permite medir a altura de cada árvore e a partir dela pode-se calcular a emissão de CO_2, e a quantidade de madeira existente em uma mata. O controle da destruição das florestas está começando a ser possível pela utilização de tecnologias modernas.

* * *

A primeira fibra ótica comercial foi produzida em 1970. Ela tem mudado o mundo da informação nos últimos 40 anos, pois faz com que as notícias viajem e cheguem à sociedade de maneira muito mais rápida As fibras óticas são fabricadas com vidro, são muito finas e parecem frágeis, mas suas propriedades óticas são distintas das do vidro de que procedem. São fortes, rápidas e flexíveis, podendo ser manipuladas e instaladas facilmente. Sua capacidade de comunicação não é afetada pelos raios nem pelas tempestades. As fibras óticas foram invenções que mudaram totalmente nossas vidas e também têm proporcionado ferramentas para a pesquisa científica. Pressupomos o uso do *laser* no futuro como ferramenta poderosa na produção de temperaturas ultrafrias, em detectores ultrassensíveis, em sensores ultrarresistentes, e as relações continuam com as fronteiras do ultraintenso, ultrarrápido, ultrapreciso, etc. O *laser* realmente foi "uma descoberta perfeita em busca de um problema" e com isso estão sendo desenvolvidas quantidades incomensuráveis de tecnologias úteis e inovadoras. Hoje já se imaginam algumas aplicações futuras do *laser*, como na análise do GH completo em poucas horas e em aparelhos de imagem com resolução para detectar tumores incipientes. E lá se vão meio século do *laser* como fonte de tecnologia.

***

Uma das histórias interessantes da ciência é a que se relaciona a semelhança do sistema imunológico dos anfíbios com o dos seres humanos e a produção de antibióticos. Uma das primeiras barreiras de defesa das rãs contra bactérias, por exemplo, são moléculas conhecidas como peptídeos antimicrobianos (PAM), que são produzidos e estocados em umas glândulas da pele que, em caso de uma lesão, os secretam. Os PAM são compostos fundamentais de um sistema imunitário primitivo e "inato" que age com rapidez, mas não de forma específica contra micro-organismos nocivos. Sistema semelhante também existe nos artrópodes, principalmente nos insetos e outros invertebrados.

Estes peptídeos são candidatos importantes para investigação do mecanismo de ação dos PAM. Estas substâncias não somente protegem as rãs dos micro-organismos invasores como também controlam os micróbios que vivem sobre várias regiões do corpo desses animais. Estes compostos permitem que sobreviva a flora natural na pele por ser benéfica e competir com organismos nocivos ou inibem seu crescimento. Nos últimos anos vários pesquisadores demonstraram que os PAM podem agir também contra micro-organismos patogênicos aos seres humanos, abrindo a possibilidade do desenvolvimento de novos fármacos para destruí-los. Por exemplo, a utilização generalizada de antibióticos convencionais tem provocado uma drástica diminuição de sua eficácia terapêutica e o surgimento de cepas resistentes de micro-organismos aos fármacos utilizados. Esta é uma preocupação do mundo inteiro e, principalmente, nos hospitais onde bactérias resistentes aos antibióticos são encontradas com mais frequência, representando um risco para a saúde pública.

Além disso, os antibióticos atuais podem liberar componentes nocivos – como os lipopolissacarídeos (LPS), também chamados de endotoxinas – da membrana celular dos micro-organismos destruídos. Estes compostos induzem a secreção de umas moléculas conhecidas como citocinas que desencadeiam uma inflamação. A produção excessiva de citocinas pode levar a uma inflamação descontrolada que termine em um choque séptico, que pode levar a uma reação orgânica que termine na morte. Por isto, existe uma demanda reprimida por novos antibióticos que não façam as bactérias serem resistentes e que tenham a possibilidade de destruí-las e neutralizar os efeitos tóxicos dos LPS.

Tem sido revelado, recentemente, que PAM isolados da espécie *Rana* podem matar rapidamente inúmeras espécies de bactérias, fungos e protozoários que causam dermatites, pneumonia, candidíases e leishmanioses. O modo de ação dos PAM indica que, diferentemente dos antibióticos habituais que inibem processos celulares, como a replicação de DNA, sem afetar a estrutura da célula, estes compostos perturbam a membrana celular dos micro-organismos. Os PAM possuem uma carga positiva e, portanto, se ligam em células que têm uma carga negativa na superfície. Ou seja, as membranas celulares de muitas espécies de bactérias possuem uma carga negativa e atraem os PAM como ímãs. É bom lembrar que as membranas das células de mamíferos são neutras e não são atacadas pelos PAM. Isto é uma garantia para os seres superiores.

Quando os PAM chegam às membranas microbianas de carga negativa, as transpassam, as destroem e causa lesões irreversíveis que impedem quase por completo o organismo de ficar resistente a eles. Além disto, a ligação dos PAM de carga positiva com os LPS de carga negativa inibe a secreção das citocinas e, portanto, do choque séptico. No estudo das rãs foi descoberta uma família especial de PAM chamada temporinas. Estas moléculas são pequenas e matam um grande número de micro-organismos.

Estudos também têm demonstrado que os PAM dos anfíbios impedem que o HIV infecte as células humanas, induzem a liberação de insulina e destroem células tumorais. Ou seja, estas moléculas são modelos atraentes para o desenvolvimento de novos tratamentos para doenças humanas como as infecções microbianas, as diabetes e o câncer.

***

O carbono é um elemento químico bem conhecido como componente de substâncias, como os combustíveis fósseis que são utilizados na forma de petróleo. No ano de 2010, os ganhadores do Prêmios Nobel de Física e Química mostraram dados interessantes sobre o carbono. O primeiro deles chama a atenção para uma nova forma de matéria, o grafeno, que é basicamente uma lâmina bidimensional formada por átomos de carbono.Os ganhadores do Prêmio Nobel desenvolveram um novo e eficaz procedimento para a criação de ligações carbono–carbono. A metodologia chamada de reações de acoplamento cruzado catalisadas por paládio permite criar uniões entre átomos de carbonos de diferentes moléculas, praticamente não conhecidas antes. Estas reações que começaram a ser desenvolvidas nos anos 1960 e 1970 do século passado são atualmente imprescindíveis para a síntese química moderna, e foram incluídas no arsenal das reações químicas importantes para a indústria. Baseando-se nestas reações foram desenvolvidos novos fármacos de forma mais eficaz, novos materiais, tais como cristais líquidos e polímeros avançados, e, em geral, materiais de interesse para o desenvolvimento da denominada eletrônica molecular, cujas expectativas levam a um mundo mais sofisticado de residências e automóveis inteligentes, ou de computadores cada vez menores, e um ambiente menos hostil para o ser humano.

O planejamento, a criação e a fabricação destes "ladrilhos" de construção molecular que levam ao desenvolvimento de novos fármacos ou materiais com novas propriedades mecânicas, óticas, magnéticas ou eletrônicas, são produzidos por reações químicas que permitem unir moléculas simples para criar moléculas mais complexas com propriedades não convencionais. Estas reações têm um mecanismo comum no que se refere à utilização de um composto organometálico e o uso do elemento químico paládio como catalisador. Este mecanismo comum revela a importância que a catálise tem atualmente, tanto de metais de transição, como o paládio utilizado nestas reações, como das enzimas em processos químicos e bioquímicos.

As potenciais aplicações do grafeno são imensas. Por exemplo, podem-se produzir capas semicondutoras de altíssima mobilidade eletrônica, que avancem limites da eletrônica tradicional levando a fronteiras das maiores frequências e, portanto, velocidades. Ou podem ser utilizadas como eletrodo transparente, resistente e flexível transformado em células solares. Pode-se pensar que as baterias do futuro sejam produzidas com grafenos, pois existem protótipos de supercapacitadores que se recarregam em milissegundos. Devido a sua sensibilidade eletrônica a qualquer átomo próximo, pode-se pensar no uso do grafeno para sequenciar o DNA.

**

Finalmente, reforçando os argumentos de que o importante é ser pequeno, temos o caso das plaquetas sintéticas. As plaquetas estão envolvidas no controle do sangramento, ou nas hemorragias que são as principais causas de mortes por lesão traumática. Para tratamento dessas hemorragias foram desenvolvidas "nanomateriais" como plaquetas sintéticas, aquelas que reduzem à metade o tempo de coagulação, utilizando-se o conhecimento da nanociência. Em artigo publicado na revista *Science Translacional Medicine* foi divulgado um caminho que pode auxiliar no problema das hemorragias. Plaquetas sintéticas elaboradas com polímeros biodegradáveis, ao serem injetadas em pacientes, se unem às plaquetas naturais do próprio paciente e aceleram a cicatrização e diminuem o tempo de sangramento. Seus autores dizem que "essas plaquetas artificiais agem como sacos de areia que contêm o vazamento de uma represa". A nanotecnologia promete mais histórias para o futuro, como, por exemplo, centenas de substâncias ativas serão testadas em mais de 40 sistemas de liberação de fármacos. Tudo isto tem como objetivo final proporcionar medicamentos mais eficazes e seguros a um custo mais barato.

PARA UMA CIÊNCIA MAIS FEMININA

*N*o mundo atual os ativos mais valiosos de uma sociedade são a educação e o conhecimento e porque não incluir também a sensibilidade. Estes fatores explicam o seu índice de desenvolvimento da humanidade. Sabe-se que o conhecimento e a cultura em um país estão diretamente relacionados com o grau educacional da população e investimento na área de educação, ciência, tecnologia e inovação. Utilizando estes princípios gerais, a presença e a participação das mulheres nos cursos universitários e de pós-graduação quebram barreiras sociais importantes, porque as estimulam a competir no mercado de trabalho, onde há o predomínio do homem. Apesar de estar aumentando o número de mulheres, tanto em nível de graduação, de mestrado, como de doutorado, é ainda uma fração pequena delas que conseguem posições de destaques na ciência e na tecnologia ou mesmo na gestão da ciência. A primeira igualdade real é reconhecer o lugar da mulher no âmbito do espaço cultural que, infelizmente, ainda não está muito prestigiado entre os jovens. Alguém já disse: "Não é a pequena presença feminina, mas sim a alta representação masculina que move a sociedade."

Compartilhar a maternidade e o trabalho é muito complicado para as mulheres. Elas não podem ter sentimento de culpa e devem pensar que, no fundo, o trabalho ajudará a patrocinar um mundo melhor para seus filhos. Para a mulher ter sucesso no espaço social do conhecimento é imprescindível aumentar a corresponsabilidade das tarefas domésticas com os homens e evitar que a maternidade e a educação dos filhos não seja uma limitação que possa influenciar sua carreira profissional. Nesta trajetória, o trabalho conjunto de homens e mulheres é fundamental, porque aumenta os espaços direitos das mulheres e dá garantia a uma sociedade mais justa e solidária e a um mundo melhor.

***

Uma preocupação do "Mestre" é a de debater com seus estudantes a importância da mulher para a ciência, entusiasmando suas alunas a seguir para frente na carreira científica. Quase sempre elas participam calorosamente das conversas, pois o assunto interessa a todos os participantes do laboratório.

Num destes debates provocados pelo "Mestre" uma de suas orientadas que sempre participava com intensidade e emoção das conversas do laboratório certa vez lhe perguntou:

– Na história das ciências as mulheres sempre participaram do sucesso científico ou somente isto está acontecendo mais recentemente? Como de fato os cientistas masculinos ao longo da história encararam a mulher na atividade científica? As mulheres cientistas são ameaças para os homens que realizaram ciência? Neste campo a competição entre homens e mulheres é muito grande?

Aquelas perguntas eram fundamentais. Ele se entusiasmou com o questionamento e, mais uma vez, sua reflexão tocou em vários pontos essenciais que suas estudantes precisavam ouvir:

– A bem da verdade, o androcentrismo, a visão do mundo centrado no ponto de vista masculino, existe na área de ciência e tecnologia e em outros sistemas culturais. Infelizmente, ainda a lógica social é de que as mulheres devem adaptar-se ao meio masculino. Tanto no que se refere à produção científica tecnológica como na cultura e no discurso, as mulheres devem desenvolver uma personalidade dupla, meio esquizofrênica. Por um lado, devem comportar-se como homens no campo profissional para que sejam aceitas e tenham prestígios, e, por outro, devem responder em termos socioculturais de acordo com a identidade feminina. Numa sociedade surgem nas pessoas alguns valores, ideologias e premissas que transcendem completamente o racional. Se numa cultura há prejuízos de gênero ou de raça, estes terminam impregnando a ciência e os conhecimentos que são desenvolvidos, refletindo em quem deve produzi-los.

E continuou sua argumentação tentando despertar a atenção e a curiosidade de suas orientadas:

– A primeira vez que senti o problema da mulher na sociedade foi quando vi o filme *A escolha de Sofia*. Parecia um documentário: Meryl Streep era uma pessoa de verdade. Fiquei fascinado pela sua beleza, sua sensibilidade, pelo sofrimento que transmitia como mãe que teve que tomar uma decisão sofrida. E essa sensação ficou comigo para sempre, inclusive em situações tão diferentes como em um laboratório de pesquisa. Normalmente, as mulheres que se dedicam à ciência têm uma forma concreta de pensar, uma forma de relacionar-se com seus colegas e aí a emoção aparece na pele. Mas a liberação da mulher ainda é uma falácia. Afinal, elas continuam criando os filhos, encarregando-se das tarefas domésticas e ainda trabalhando fora. Por isto, deixar as mulheres fora de uma elite profissional e intelectual é incompreensível, além de ser uma injustiça social.

***

Bem no início da história da ciência elas começaram a lutar pelos seus direitos até chegar numa nova e verdadeira revolução, desta vez científica e tecnológica. Mas somente no século passado teve uma inflexão histórica na visão que até havia passado despercebida. Até então o trabalho da mulher na ciência era considerado marginal, secundário. A presença das mulheres de modo mais constante em um laboratório de pesquisa é muito recente e a superação dos obstáculos tem-se prolongado até os dias atuais.

Temos que ser realista e lembrar que até pouco tempo se falava que as mulheres vinham para as Universidades à procura de maridos. Hoje, como vimos anteriormente, no panorama universitário as coisas mudaram para melhor. A atividade universitária deve contar com um enfoque integral de gênero, pois a Universidade deve ser o exemplo da proteção social. A perspectiva do gênero e os trabalhos das mulheres entraram no campo da pesquisa e da docência. No entanto, a perspectiva feminina ainda é maior e predomina em programas como sociologia, música ou antropologia. Nas carreiras biológicas as mulheres estão descobrindo, mais recentemente, seus talentos. No entanto, na engenharia, física e matemática elas ainda são a expressiva minoria. Assim, ainda na composição das Universidades e Institutos de Pesquisas, a relação homem *versus* mulher ainda não é equilibrada, balanceada. Basta observarmos o número de mulheres que são professoras ou pesquisadoras titulares, as composições do poder nos conselhos acadêmicos e nos poderes das Instituições. Há muito que se evoluir nesta área.

***

No que se refere a esta luta, uma das histórias mais lindas que o "Mestre" não cansava de contar é a da figura ícone de Hipatia de Alexandria, uma das mais hipnotizantes personagens da ciência. Ele nos dizia que no ano 48 d.C., Cleópatra era rainha, o exército de Júlio Cezar acabava de desembarcar, alguns egípcios fizeram resistência e incendiaram a cidade. As chamas terminaram alcançando o museu – que também era biblioteca – de Alexandria, quase destruindo-o. A população superou o golpe, mas não o delírio religioso provocado pela decisão do Imperador Teodósio, no final do século IV d.C., de proibir todas as religiões, exceto o Cristianismo. O furor dos fundamentalistas cristãos se abateu sobre a cultura de Alexandria.

Hipatia nasceu próximo ao ano 370 d.C., em Alexandria, viveu entre os séculos IV e V em plena elite acadêmica da cidade. Hipatia liderou a escola neoplatônica que fazia investigações sérias no campo da filosofia. É considerada por muitos a primeira mulher científica da história que revolucionou a ciência no tempo em que as mulheres não tinham nenhum acesso ao conhecimento. Hipatia conseguiu ter um grande reconhecimento público. Simbolizava a força do pensamento feminino contra a intolerância, e lutava contra conflitos históricos entre a fé e a razão, a Igreja e o Estado, a religião e a ciência, a política e o poder.

Seu pai, o filósofo Teón de Alexandria, orientou sua educação. Ele desejava que a filha fosse um ser humano perfeito. Hipatia recebeu educação científica completa, baseada nos saberes da época, e se dedicou especialmente à filosofia. Converteu-se em uma mulher brilhante, sendo sempre ressaltada pela sua grande beleza. Ela tinha um exaustivo cuidado com o corpo e a beleza. Realizava diariamente exercícios físicos que permitiam manter seu corpo saudável e uma mente ativa. Era um grande contraste com a maioria das mulheres de sua época, as quais não podiam ter conhecimento nem educação, e se ocupavam somente das tarefas femininas clássicas. Apesar de sua beleza, Hipatia renegou o casamento e a sua faceta mais feminina para poder dedicar-se inteiramente a desenvolver sua mente na atividade científica.

***

O pai de Hipatia trabalhava no Museu, instituição fundada por Tolomeu (imperador que sucedeu a Alexandre Magno e fundador da cidade de Alexandria), e dedicava-se à investigação e ao ensino. O Museu tinha mais de 100 professores que viviam ali e muitos outros que participavam das atividades museológicas como convidados. O nome de Hipatia foi ouvido pela primeira vez em comentários de seu pai, que revelava com orgulho da filha, numa anotação em um livro: "Edição revisada pela minha filha Hipatia, a filósofa."

Ela começou a estudar com estes professores, viajando também para Atenas e Itália a fim de receber alguns ensinamentos de filosofia, e formou-se como cientista no próprio Museu. Naquela época, biblioteca e museu eram resumos do Universo. Chegou inclusive a dirigir o Museu nos anos próximos de 400 d.C. Ela também obteve a cátedra de filosofia platônica. Hipatia investiu no estudo de várias disciplinas: filosofia, matemática, astronomia, música... Durante vinte anos se dedicou a ensinar todos estes conhecimentos. Ela se tornou uma das melhores cientistas e filósofas da época. Chegou a representar o conhecimento e a ciência que os primeiros cristãos identificaram, infelizmente, com o paganismo. Naquele tempo a vida era difícil para os pagãos, já que o cristianismo estava impondo a toda Alexandria, que naquela época estava sob o domínio romano. Foram anos difíceis para todos aqueles que não se converteram ao cristianismo e negavam todos os conhecimentos científicos adquiridos. Hipatia negou-se em converter-se e foi acusada de conspiração contra o líder cristão de Alexandria.

Um grupo de fanáticos religiosos, liderados pelo Bispo Cirilo, aproveitou-se desta acusação e, de uma forma cruel, pôs fim a sua vida. Hipatia morreu em março de 415, com 60 anos – não 40 anos como alguns historiadores alegam – por suas convicções religiosas e enfrentamento ao obscurantismo religioso. Foi uma mulher que morreu por sua filosofia contra a religião.

Ora, naquele tempo, verdade religiosa sempre pretendia ser firme e irrefutável, era quase uma obstinação, impenetrável ao racional. A verdade científica, pelo contrário, sempre foi provisória, podia ser reconsiderada e aceita, com modéstia, ser alterada pelo racional científico. Com isto, se estabelecia na sociedade uma espécie de teoria de dupla verdade, uma vinda da crença e outra, da verdade real, que podia entrar em contradição, conforme as demonstrações científicas.

Hipatia foi assassinada brutalmente quando regressava para casa em sua carruagem; foi golpeada, arrastada pela cidade e deixada nua e esquartejada com conchas marinhas. Os restos de seu corpo foram expostos por toda a cidade em sinal de vitória e triunfo do paganismo. Depois seu corpo foi incinerado.

***

Bela, virgem e inteligente, Hipatia dedicou sua vida ao estudo, para combater com a razão o fanatismo de sua época, mas morreu vítima da intolerância. Ela deixou numerosas referências, sendo a mais extensa em álgebra. Escreveu um comentário sobre a aritmética de Diófano (considerado a pai da álgebra) em que apresentava soluções alternativas a novos problemas. Também escreveu um livro sobre a Geometria das cônicas de Apolônio que explicava as órbitas irregulares dos planetas. Também colaborou com seu pai na revisão e na edição dos Elementos da Geometria de Euclides, cujo conhecimento usamos atualmente. Escreveu sobre Astronomia, dedicando-se a revisar as tabelas astronômicas de Cláudio Tolomeu, conhecidas por sua inclusão no livro astronômico de Hesíquio.

Além das disciplinas já relatadas, ela se interessou pela mecânica e as tecnologias práticas. Desenvolveu um aparelho para destilação da água, um higroscópio para medir a presença e o nível da água, e um hidrômetro graduado de latão para determinar o peso específico dos líquidos. Supõe-se que ela inventou o aerômetro, instrumento que é utilizado para medir as propriedades físicas do ar e outros gases. Foi uma personagem feminina extraordinária e livre que se destacou no tempo em que a mulher tinha pouco ou nenhum acesso ao conhecimento e à fama. Ela foi a primeira cientista sábia e tolerante que viveu em um mundo embrutecido que vivia da barbárie.

E para encerrar aquela história o "Mestre" emocionado falou:

– Nasceu o mito, que afirma ser uma mulher belíssima, que se manteve virgem, que morreu por defender o livre pensamento e a ciência pura. Ela pode ser considerada um ícone que representa a mulher culta e independente e que dedicou sua vida à ciência.

O "Mestre" sempre se emocionava ao contar esta história. Comentava que gostaria de viajar à Alexandria do século cinco d.C. para conhecer a vida de Hipatia e através dela lutar pela razão frente ao fanatismo, pela ciência ante a superstição, pela liberdade frente à intransigência, e fazer com que cada vez mais ela mereça o reconhecimento público. Mas, daquele tempo até os dias, é evidente que se percorreu uma longa estrada. Não se pode dizer que o ritmo da mudança tem sido rápido, a julgar pelo papel ainda limitado que desempenham as mulheres dentro da comunidade científica. Hoje, com os novos descobrimentos realizados por mulheres cientistas já se pode dizer com orgulho que: "A ciência é uma das criações mais sublimes do ser humano", ao invés de dizer "do homem" como antigamente era falado.

**

A questão da mulher na ciência sempre atormenta as orientadas do "Mestre". Numa das reuniões de discussão que ocorria semanalmente no laboratório, levantaram o assunto sobre a dificuldade das mulheres conseguirem posições e sobreviverem trabalhando em ciência nas Universidades e nos Institutos de Pesquisa. Uma das questões relevantes era sobre o que fazer para incrementar o número de mulheres nessas atividades.

Ele, mais uma vez, compreendendo a razão daquela pergunta feita pelos seus estudantes angustiados que pensavam no futuro, tentou explicitar o que elaborava sobre a questão:

– Há algum tempo foi feito o diagnóstico que revelou a participação desigual da mulher na pesquisa científica como um problema que deve ser corrigido para assegurar a igualdade de oportunidades a todos os cidadãos. Isto está bem fundamentado. Apesar de um grande número de mulheres conseguir o doutorado, são poucas que têm o destaque na ciência. A participação das mulheres decresce notadamente à medida que se avança na carreira.

Por outro lado, eu mesmo pergunto: "Onde estão as mulheres cientistas nas Academias?" É só comparar o número de mulheres cientistas que fazem parte da Academia Brasileira de Ciências e da Academia Nacional de Medicina, ou mulheres que foram reitoras ou tiveram uma posição de destaque na área de administração da ciência, nas Universidades e nos Institutos de Pesquisa ou mesmo em Ministérios. Onde elas poderiam estar? Elas dedicam três vezes mais tempo que os homens às tarefas domésticas e aos cuidados com os filhos.

Espero apresentar argumentos e poder contribuir com o desenvolvimento de um contexto universitário ou de um instituto de pesquisa que deixem para trás o gênero, não somente mediante o aumento de pesquisas e docências onde estejam presentes as mulheres, mas também induzindo a diminuição de condutas discriminatórias relacionadas a indivíduos destinados a assumir as responsabilidades nas Universidades e Instituições de Pesquisas.

E continuou:

– Dados oficiais do Conselho Nacional de Desenvolvimento Científico e Tecnológico (CNPq) revelam que apenas 34% das mulheres chegam ao ápice da carreira científica. Os níveis mais altos da bolsa de Produtividade e Pesquisa, do CNPq, estão em sua maioria com cientistas do sexo masculino. Curiosamente, nos níveis iniciais da carreira, o número de mulheres é bem mais expressivo. Elas estão chegando vagarosamente aos cargos científicos importantes.

As causas do acesso insuficiente das mulheres na elite científica parecem originar na infância, onde os valores ensinados às crianças condicionam de forma importante as atitudes profissionais no futuro. Na idade entre 17 e 25 anos se processa a vocação científica e se completa o processo de formação intelectual. As mulheres tendem a adotar atitudes mais modestas e autocríticas, que se refletem nos padrões de publicação de resultados, se comparadas às atitudes mais autossuficientes e agressivas de seus colegas masculinos. Pode estar relacionado com o caráter obsessivo dos homens. Inclusive, as estatísticas mostram que existem mais homens autistas do que mulheres. A identificação das causas depende de situações ainda não identificadas. Talvez com níveis de hormônios ou testosterona. Pode também ser algo cultural, não que haja diferença biológica. Nos debates se enfatizam o fato da maternidade como causa principal de uma carreira científica mais lenta da mulher. Isto se reflete, é claro, na diminuição de participação do sexo feminino em comitês, bancas, etc. Diminuir este modelo educativo que impulsiona a aceitação das mulheres em um papel "menor" que o do homem é fundamental para que nossa sociedade avance e para que as próximas gerações de mulheres possam aportar todo o potencial à criação científica e, através desta, ao progresso de nosso país – ele disse com ênfase.

***

É conhecida pelo mundo afora a frase machista: "Atrás de todo homem importante tem sempre uma grande mulher!" Acho também que essa frase é válida no campo científico. Muitas mulheres descobriram grandes coisas e não tiveram nenhum valor para a sociedade. Descobertas fundamentais como a dos cromossomos sexuais, estrutura do DNA e da fusão nuclear, e tantas outras foram realizadas pelas mulheres. O cientista colega de Lise Meitner ganhou o Prêmio Nobel em 1944 pelos cálculos que permitiram descobrir a fusão nuclear sem mencionar a autora real. Assim foi também o famoso caso de Rosalin Franklin que fez a fotografia que permitiu revelar a estrutura da dupla hélice do DNA. Este foi o caso de Nettie Stevens, a americana que descobriu em 1905 os cromossomos X e Y, que determinam o sexo das pessoas. Um cientista que ficou famoso chegou quase ao mesmo tempo à mesma conclusão, recebeu sozinho todo o mérito da descoberta. Essas descobertas tiveram mulheres envolvidas, mas elas não apareceram pelo "machismo" existente e que acobertava a atividade científica.

***

Os cromossomos sexuais, X e Y, se originaram há centenas de milhares de anos, a partir de um cromossomo ancestral não sexual, durante a evolução dos distintos sexos dos seres vivos. Sabe-se que a sequência de pares de bases do Y é três vezes menor que a do X. Por isto se supõe que o cromossomo Y seja degenerado, perdendo a carga genética não relacionada com a determinação sexual e que no futuro poderia inclusive desaparecer. Uma curiosidade do cromossomo Y é que, em 2003, se completou sua sequência de bases, e recentemente foi comparada a sequência do cromossomo Y humano com o do chimpanzé. Esta comparação surpreendeu os cientistas, porque suas regiões especificamente masculinas (ao redor de 95% do total) são notavelmente distintas, tanto em sua estrutura como nos genes que contêm. Enquanto o genoma completo de ambas as espécies coincide em 98,8%, o do cromossomo Y difere em mais de 30%. Além disto, o cromossomo do chimpanzé tem muito menos genes que o humano. Imagina-se que isto ocorre, porque o chimpanzé perdeu e o homem ganha genes no processo evolutivo em relação ao ancestral comum. Essas espécies se divergiram evolutivamente há seis milhões de anos, este dado indicava que tem havido uma evolução muito rápida no cromossomo Y humano. No entanto, recentemente, ao comparar o DNA de animais relacionados entre si, os dados fósseis, os modelos informáticos, revelam que a separação entre os seres humanos e os chimpanzés foi de 8 milhões de anos e não 6 como estava estimado. É assim que a ciência avança.

***

– Aparentemente as coisas estão mudando – continuou o "Mestre". Não canso de dizer-lhes que este assunto não é de solução fácil, e cito sempre o caso terrível de uma Universidade importante como é a Universidade de Harvard nos EUA. Foi nomeada em 2007, pela primeira vez desde sua criação em 1636, uma mulher para presidir esta prestigiosa instituição acadêmica. Seu nome é Drew Gilpin Faust, historiadora, que substituiu o Lawrence Summers após ele sugerir que as diferenças inatas entre homens e mulheres explicam por que há menos mulheres que homens de destaques nas áreas da ciência e matemáticas nas Universidades e Institutos de Pesquisas. A matemática aplicada à indústria pode reforçar o vínculo entre ambas, que é imprescindível para a inovação.

Veja, por exemplo, o caso recente do Prêmio Nobel de Fisiologia e Medicina de 2009, que é um caso típico, em que a pesquisa básica, aquela que os cientistas realizam por estímulo de sua própria curiosidade, sem nenhum objetivo prático concreto, veio mais tarde a implicar em doenças – como o câncer – e no processo de envelhecimento. As premiadas foram duas mulheres (que pela primeira vez na história dividem um Prêmio Nobel): Elizabeth Blackburn e Carol Greider e um cientista, Jack Szostak. Os três trabalhavam nos EUA e seus descobrimentos, que remontam os anos de 1970, explicaram como as porções externas dos cromossomos, os telômeros (e a enzima telomerase), garantiam sua integridade quando as células de dividiam. Os telômeros garantiam a multiplicação íntegra dos cromossomos. O mistério que os três pesquisadores queriam investigar era como os cromossomos se duplicam na divisão celular sem erros, porque suas extremidades estão protegidas. Essas extremidades são os telômeros e a enzima responsável pela sua formação, a telomerase. O funcionamento insuficiente dessa enzima, por uma mutação, provoca uma diminuição gradual dos telômeros e o envelhecimento celular prematuro. Pelo contrário, as células cancerosas, que se dividem continuamente, são "eternas", porque têm a telomerase superativada. O Prêmio Nobel ser dado tanto tempo depois de uma descoberta não é novidade. Barbara McClintock, também Prêmio Nobel por outro tema, recebeu-o 30 anos depois da descoberta de elementos móveis (transposons) no milho. Uma descoberta que revolucionou o entendimento da genética. Recentemente, foi demonstrado que os telômeros estão protegidos por um grupo de seis proteínas, e que uma delas, a TPP1, é o elemento de união entre a telomerase e o telômero. Na ausência de TPP1 a telomerase não é capaz de agir, porque não se associa ao telômero. A descoberta de que a TPP1 é imprescindível para a função celular é fundamental para a reprogramação nuclear e o envelhecimento celular. Quem sabe se por este caminho não seja descoberto o segredo da juventude.

***

E continuando aquela reflexão o "Mestre", com muita tranquilidade, explicitou:
– A igualdade de gênero é um dos fundamentos da democracia. Hoje, a busca das mulheres pela ciência está aumentando. Trata-se somente de uma seleção nos concursos, porque as portas dos laboratórios das instituições públicas vão-se abrindo cada vez mais para as mulheres nos últimos anos. Apesar de o panorama estar mudando, a carreira científica ainda tem muitos obstáculos por motivo do gênero. Um dos problemas ainda é a resistência que se tem contra as mulheres para cargos importantes. Estes obstáculos são atribuídos à história e à educação. Algumas mulheres, sem dúvida, demonstram ter rompido esta tradição pela paciência e constância que nelas são dominantes e vão em frente. A própria Academia de Ciências agora possui o Prêmio L´Oréal. A cada ano, jovens dou-

toras que desenvolvem trabalhos científicos em instituições brasileiras de pesquisa, nas áreas de Ciências Físicas; Ciências Biomédicas, Biológicas e da Saúde; Ciências Químicas; e Ciências Matemáticas, têm a oportunidade de ter os seus projetos reconhecidos com a conquista do Prêmio "Para Mulheres na Ciência". Um dos lemas foi "O mundo necessita da ciência, a ciência necessita das mulheres". Esta é uma inovação e um incentivo importante para as mulheres que se destacam nas pesquisas científicas.

Não restam dúvidas de que em duas gerações, e sem necessidade de que se aplique uma discriminação positiva, o número de cientistas mulheres crescerá espetacularmente, sobretudo no campo da biologia, bioquímica e biologia celular e molecular. Nas Universidades e nas pós-graduações predominam as mulheres. Outra coisa é dar o salto na pesquisa se mantém as mulheres participando pouco nos mais altos postos. A discriminação ao gênero funciona de uma maneira muito sutil. Não creio que tenha nisto má intenção, mas sim desconhecimento ou negligência, ou pior, o machismo ainda existente no mundo científico. Por isto costumo dizer que elas não são mulheres cientistas, elas são cientistas, não é verdade?

Acredito que, mais que o conceito, tem que se mudar a realidade. Estamos na sociedade do conhecimento. Nesta não existem tarefas para homens ou para mulheres, porque a sociedade do conhecimento permite, favorece e deixa transparente o conceito de não discriminação por motivo do gênero. O que diferencia os indivíduos neste momento é a capacidade de aplicar conhecimento, de aproveitar a diversidade de oportunidade que o amplo acesso ao conhecimento nos produz. Mais que conformar com as desigualdades que a globalização está produzindo, tem-se que aproveitar suas vantagens e as novas realidades que aparecem como instrumento de melhoria e oportunidade às mulheres. Estamos em um momento da história em que as mulheres podem desenvolver novas utopias. Podem almejar objetivos e desenvolverem na área que gostam.

INOVAÇÃO E EMPRESAS

O "Mestre" foi convidado a dar uma palestra no setor tecnológico da Universidade sobre o tema: Inovação: soluções e problemas. antes de uma palestra ele sempre sentia uma pequena dor de de estômago. Mas, naquela tarde chuvosa, ele estava muito à vontade. Após sua conferência de 1h30min a professores e algumas dezenas de alunos de pós-graduação, abriu-se um debate ardente sobre o tema discutido. Nós gostamos do debate e da provocação, porque aprendemos mais com os argumentos utilizados do que talvez pela conferência unilateralmente falada.

Com a ênfase necessária aos reflexivos argumentos, ele nos disse:

– O setor produtivo brasileiro ainda está engatinhando na cultura da inovação. Temos poucos exemplos de Universidades que atraem o mundo empresarial em busca de pesquisa e projetos inovadores e rentáveis. As Universidades devem preparar seus alunos para o mercado. A competição global obriga as instituições a gerarem inovações para serem as melhores. Uma boa parte da produção científica no Brasil se realiza nas Universidades e somos o décimo terceiro país com maior produção científica. Nosso país possui profissionais e institutos de pesquisas competitivos em nível mundial com capacidade de liderar em áreas como a da parasitologia.

Mas ainda existe pouca inovação. A mentalidade das Universidades está mudando. Já não é malvisto elas colaborarem com as empresas como era antes. Mas ainda devemos converter esta relação em algo natural e não em uma exceção. Ela é essencial para a competitividade e tenta sair de uma inércia histórica que se consolidou devido a anos de protecionismo comercial, e mais tarde pelo pouco uso de tecnologia avançada. Isto ainda está caminhando de maneira muito tímida em um modelo produtivo mais sustentável e baseado no conhecimento e na inovação. Nosso sistema de inovação é frágil por sua fraca estrutura empresarial, especialmente formada por pequenas empresas, o que limita sua capacidade, e pela capacitação setorial, dominadas por empresas grandes, que geralmente fazem o desenvolvimento tecnológico fora do país. Mas há muitas formas de considerar a inovação. Às vezes, uma nova interpretação de algo antigo ou o uso de um método velho de maneira inteligente são mais inovadores que um novo material ou uma tecnologia sofisticada. Se mudar a cultura e desenvolver a criatividade surgirão caminhos alternativos para a evolução do setor.

***

O Brasil precisa mudar. Os novos modelos de desenvolvimento são complexos, e quase sempre dependentes do acúmulo de capital físico (leia-se infraestrutura científica e tecnológica, como laboratórios, equipamentos e manutenção) e capital humano (cientistas, tecnologistas e técnicos bem preparados envolvidos no trabalho) responsável pelo desenvolvimento tecnológico e pela produtividade do laboratório. O capital humano determina o nível científico do conhecimento e da produção de novas ideias e inovações. Ele é independente do capital físico que para ser criado necessita de recursos financeiros investidos pela instituição ou adquiridos pelo grupo envolvido. Do capital humano surge a revolução científica e tecnológica e, como consequência, a inovação que invade todos os setores, inclusive o setor da gestão empresarial. Isto reflete no aumento da produtividade e oferece à sociedade novos produtos, serviços e processos em todas as áreas do conhecimento.

INOVAÇÃO E EMPRESAS

E continuou explicando para todos os ouvintes:

– O bom entendedor sabe que a inovação não é espontânea, não nasce do nada. Somos um país rico em cérebros, mas que não tem a cultura e a tradição de levar os descobrimentos ao mundo das empresas. A estrada do conhecimento ao negócio é longa. Os temores e suspeitas nos levam a pensar que criar uma empresa inovadora é muito difícil. Mas inovação também é risco. Um risco que se traduz na inovação das indústrias e na capacidade de surpresa das mais vanguardistas: a crise econômica. Curiosamente algumas empresas baseadas na inovação interpretam a crise como uma oportunidade. Para que nosso país tenha uma economia sustentável e seja forte e internacionalizada, devemos alcançar uma balança tecnológica positiva baseada na inovação e no conhecimento e que seja capaz de atrair, reter talentos e gerar empregados de alto valor agregado.

A inovação requer uma estratégia política de Estado, e não de Governo. Essa política envolve a área de educação, a ciência e a tecnologia, a relação público privado, um forte planejamento que permita estabelecer as "regras do jogo" para os anos vindouros e fomente a produtividade. O Governo deve incrementar esta relação. Isto pode ser feito por meio de incentivos fiscais, financiamento para pesquisar nas empresas, ajudas para estabelecer cooperações ou colaborações entre empresas e instituições acadêmicas. Aliás, se eu fosse um empresário investiria junto ao setor acadêmico nas áreas de nanociências, novos materiais e tecnologias da informação.

***

Esta estratégia da inovação deverá afetar numerosos elementos da sociedade entre os quais se podem citar: a percepção social da inovação, a valorização do êxito empresarial-tecnológico, a valorização do fracasso para não inibir as novas ideias, os mecanismos de defesa da propriedade intelectual. Depende também da melhoria do ensino básico e técnico que deverá ser orientado para a criatividade, estimular a iniciativa e o espírito empreendedor, da cooperação e buscas de novas sinergias, da atividade empresarial orientada para a inovação e de uma educação superior de qualidade competitiva e que atraia os melhores talentos para nossas Universidades.

Mas o setor público não deve-se confundir com o privado. Caso se confunda, não seria possível qualquer processo interativo. É difícil interagir com o mesmo, só com o outro. O bom exercício desta relação depende da tomada de consciência, pelo outro, do que ele é. Esta estratégia deve ser adequada às novas necessidades de nosso desenvolvimento econômico e tratar de colocar em marcha uma investigação capaz de criar e absorver tecnologia. Mas este conceito deve ser ampliado, utilizando-se tanto para a inovação empresarial como para a inovação social. Inovar não é somente utilizar a alta tecnologia; também é a capacidade de colocar um produto já conhecido, tornando-o de qualidade melhor e mais barato do que o original. Inovar é também desenvolver novos produtos e processos; é a capacidade de chegar a um futuro planejado de maneira clara e produtiva. Inovar não é uma alternativa, é o caminho. Não devemos esquecer de que a inovação tecnológica que desfrutamos hoje em dia se deve à ciência básica desenvolvida há 20-30 anos; sem ela não teríamos chegado à parte alguma.

* * *

A evolução da ciência, tecnologia e inovação, medida pela passagem da invenção de certo produto, sua inovação e utilização, tem sido muita rápida atualmente. Vejam vocês, a bateria de carro foi descoberta em 1780 e foi utilizada em 1859; a lâmpada foi descoberta em 1802 e passou a ser útil para a humanidade em 1873; o zíper (que usamos em nossas roupas) foi descoberto em 1891 e utilizado em 1923; porque não relembrar que Santos Dumont voou pela primeira vez no 14 bis em 1906 e em 1969, Armstrong pisou na lua; a penicilina foi descoberta em 1922 e sua utilização começou em 1941, durante a Segunda Guerra Mundial; o transístor foi descoberto em 1940, e passou a ser um bem para a humanidade em 1950; e agora, recentemente, o coquetel para tratamento da AIDS que em poucos meses passou a ser útil para a sociedade. Este é o mundo em que vivemos, este é o planeta que temos que compreender.

***

A luta para a busca do conhecimento, pelo reconhecimento, por maiores talentos e por recursos financeiros, são mecanismos de dinamizam a criatividade e a inovação. A competência entre instituições e cientistas é um mecanismo fundamental para almejar bons resultados. Essa estratégia política de Estado que propomos envolve desde questões vinculadas à política industrial e tecnológica até a política setorial, como na formação de recursos humanos em níveis distintos. Ou seja, desenvolver estratégias políticas que denominamos inovadoras, com o objetivo de colocar foco em ciência e tecnologia do futuro e pensar na formação de técnicos, tecnologistas e cientistas para o que virá. Como ação básica e fundamental deve-se fazer um pacto para potenciar a aprendizagem em todos os níveis e que as ideias se convertam com rapidez em propostas industriais, em potenciais de mercados. Estamos discutindo um planejamento que visa atingir uma mudança cultural em nossa sociedade que se converterá em inovação no centro da estratégia política de desenvolvimento econômico e social. A mudança nos paradigmas do conhecimento e sua forma de transmissão devem também estar refletindo nos livros para pensar em ciência. Fazendo uma comparação com a evolução, podemos destacar as mudanças nas características de um livro antigo ou tradicional baseado na visão objetiva do conhecimento, e um livro moderno que é inspirado nesta concepção construtivista. Estas obras não são geradas espontaneamente. Requerem profissionais dedicados e comprometidos com o ensino. Como profissional da área temos a responsabilidade de estar atento a estas transformações e inovações acadêmicas e estimular os educadores a produzir conceitos de ensino baseados em evidência para induzir a inovação. O Prêmio Nobel de Economia Robert Solow disse que oitenta por cento do desenvolvimento econômico são obtidos pela utilização de novas tecnologias e inovações. Ora não voamos porque não temos asas, não nadamos nas profundezas porque não temos guelras, e sim porque não somos capazes de criar tecnologia e inovar.

***

No entanto, nem todos os conhecimentos e inovações são patenteáveis. Um produto natural purificado não pode se transformar em patente. Um DNA isolado não é diferente de um DNA em estado natural; portanto, não é patenteável. Em vários países os genes são considerados produtos da natureza, não invenções, e, portanto, não devem estar sujeitos a leis de propriedade intelectual. Vinte por cento dos genes humanos conhecidos estão protegidos por mais de duas mil patentes genéticas que impedem que cientistas trabalhem com eles, por exemplo, não deixando que se teste novos fármacos sobre determinadas doenças genéticas. Isto colocaria limites aos produtos para a área médica, a pesquisa cientifica e a biotecnologia. Felizmente, os juízes estão derrubando estas patentes e liberando os trabalhos dos investigadores. Nos últimos anos o número de informações genéticas associadas a enfermidades está aumentando em um ritmo exponencial, e, com o desenvolvimento das técnicas de sequenciamento, vão tornar a medicina preventiva e o tratamento personalizado mais eficiente e eficaz. Este conhecimento deve-se tornar de domínio público. É demasiado valioso para estar restrito a interesses comerciais. Nesses casos podem-se patentear os processos e não os produtos naturais.

***

INOVAÇÃO E EMPRESAS

É bem conhecido que a Revolução Científica do século XVII iluminou o caminho para o pensamento do século XVIII e para a Revolução Industrial do século XIX. Não é casualidade que a Europa, o continente onde surgiu essa Revolução Industrial, seja um dos que possuem o maior número de Prêmios Nobel, porque conhecimento, ciência e progresso social seguem a mesma estrada. Entretanto, a contribuição cada vez maior da China, Índia e Coreia na geração do conhecimento e o decrescente número de Prêmios Nobel europeu são interessantes. O dado atual nos mostra que 80% de pesquisadores e 70% das patentes originam-se fora da Europa.

O problema da dependência de tecnologias sofisticadas, o efeito da globalização e a escassez de recursos financeiros causam mudanças radicais nos processos industriais nos países em desenvolvimento. E aí entra a inovação para ser a realização de uma "nova" Revolução Industrial nestes países. Este processo não é fácil nem linear. Já dizia Goethe: "O espírito humano avança continuamente, mas sempre em espiral." A mensagem é simples: "Neste século nosso país deve associar a revolução do conhecimento para incrementar a inovação, dentro desta espiral virtuosa do desenvolvimento tecnológico do planeta."

***

Têm inovações que passam pela eletrônica e computação e são fantásticas para a área médica. Na saúde pública este é um campo totalmente em aberto. Não resta dúvida de que a eficiência e a eficácia da saúde pública aumentarão com a utilização das novas tecnologias eletrônicas e computacionais. Está chegando aos hospitais a cirurgia eletrônica, o olho clínico em forma de robô, que aumenta a precisão cirúrgica, e o controle da medicação, diagnósticos com máquinas que podem ser realizados a distância e muito mais. A saúde eletrônica permitirá serviços sanitários melhores. Por meio de *software* 3D, o neurologista já pode ver com grande realismo as imagens cerebrais e determinar o alcance de uma patologia e/ou de uma neurocirurgia. Esta técnica de imagem está sendo testada para doenças cardíacas, hepáticas, renais e pulmonares. Esta metodologia pode ser estendida para outras especialidades médicas. Pode também ser colocada a ambulância, de forma que o serviço de emergência possa seguir o paciente, conhecer sua situação médica, a hora de sua chegada ao hospital, designar um especialista para atendê-lo e acelerar o atendimento. A plataforma tecnológica disponibilizará ao paciente a tecnologia necessária para tratar de seu caso, seguir a evolução da doença e tudo mais. A telegestão do tratamento médico inteligente já começa a ser realidade. Em breve os hospitais, postos de saúde e clínicas poderão ter estas tecnologias. Quando o SUS utilizará estas tecnologias?

***

Depois desta longa argumentação, um aluno, no fundo criticando a demora do conferencista em ceder a palavra, falou:

– Quais são as áreas que você observa que são importantes para o desenvolvimento de nosso país? Estou fazendo este questionamento preocupado com o futuro, pois daqui a pouco vou defender minha tese de doutorado e tenho que pensar no que fazer!

– Sua pergunta é excelente, pois representa a angústia de todos os doutorandos e me permite explicitar mais o que penso. Não canso de repetir que a ciência e a inovação são a base da economia moderna em todos os setores. Vou dar exemplos, fugindo de minha área científica, o impacto sobre a economia dos que se dedicam a preparar novos materiais, a desenvolver novos sistemas de energia, ou construir robôs, ou desenvolver novos medicamentos. Na área de novos fármacos, da "nanotoxicologia", a inovação é da maior importância. Como é de conhecimento geral o gasto em medicamentos no Brasil é muito alto, devido à menor utilização de genéricos, prescrição médica pouco adequada e políticas agressivas de *marketing* da indústria que induz a utilização de fármacos mais caros, não mostrando as vantagens sobre as alternativas de menor preço. Um bom exemplo é que o medicamento artovastatina, que possui uma alternativa cinco vezes mais barata que a simvastatina, com efeitos eficientes e similares sobre os níveis de colesterol.

Temos que ter bons químicos, farmacologistas, farmacêuticos, bioquímicos, bioinformáticos nesta área. O fármaco ideal é aquele que tem atividade anticancerígena, anti-inflamatória, antidepressora e ansiolítica, antiemética, protetora do fígado e estômago, neuroprotetora e tudo mais. Esta droga seria uma maravilha, mas não existe ainda. Um estudo recente calcula que se necessitam entre 500 milhões a dois bilhões de dólares para desenvolver um novo medicamento. Somente um gigante da área farmacêutica investiu um bilhão de dólares para o desenvolvimento de um medicamento para controlar o nível sanguíneo do colesterol. A computação pode diminuir o custo de descoberta de uma nova droga. Geralmente, os fármacos são moléculas pequenas que interferem no funcionamento de outras moléculas – quase sempre proteínas, dificultando uma via metabólica ou a ação de um hormônio, etc. Estas proteínas possuem estruturas tridimensionais que possuem regiões moleculares onde os fármacos atuam.

Para diminuir o investimento no desenvolvimento de novas drogas, modelos computacionais são úteis para o entendimento da interação estrutural de um fármaco. Nesta simulação a informática é um ingrediente fundamental. Sem ela seriam impossíveis estes tipos de experimentos computacionais. A reconstrução das estruturas tridimensionais das moléculas se baseia em dados de sua sequência química. A análise estrutural de uma proteína se baseia na sequência de aminoácidos componentes da molécula. Estes métodos de exploração computacional virtual estão ficando cada vez mais importantes no desenvolvimento de fármacos e as indústrias estão investindo nesta tecnologia.

***

A nanotecnologia se vislumbra como a grande revolução tecnológica do século XXI. No mercado atual há quase mil produtos de consumo que utilizam estes materiais. Mas poucos discutem sobre os "nanorriscos", porque ainda faltam pesquisas sobre os impactos dos "nanomateriais" na saúde humana e dos animais. Por que poderia as "nanopartículas" causar perigo à saúde? Ainda existem dúvidas de seus benefícios devido ao pequeno tamanho e à alta reatividade. O fato é que pelo seu pequeníssimo tamanho, as "nanopartículas" adquirem propriedades físicas e químicas diferentes de seus homólogos em escala maior, mas isto não significa que elas devam ser discriminadas.

Na química, seja em quilos, micra ou em nanômetros, os riscos de uma substância dependem de diferentes fatores. O tamanho, por exemplo, pode ser uma vantagem ou um defeito, dependendo do uso da substância. Alguém já disse que "1 quilo de ouro jogado contra a cabeça de uma pessoa pode lesá-la, mas 35 nanômetros poderiam servir para tratar células cancerígenas". O problema é que as "nanopartículas" estão em escala "nano" que rompe muitos parâmetros para quem mede riscos e toxicidades. Deve-se controlar, a partir de agora, além da dose, a forma, o tamanho, a superfície e a pureza destes materiais.

Calcula-se que 80% dos medicamentos e testes de diagnósticos utilizem a nanotecnologia. São produtos que passam também pelos testes clínicos existentes, que comprovam sua eficácia e seguridade, com técnicas *in vitro*, mas que também utilizam animais e inclusive seres humanos. Neste caso específico estão desenvolvendo estudos para avaliar a "nanotoxicidade", uma novidade na toxicologia que ainda não possui evidências científicas claras. Neste caso é importante averiguar se pelo seu pequeno tamanho este material pode chegar a lugares inesperados, onde as moléculas maiores não podem penetrar, e alterar mecanismos celulares de forma indesejada. Lembramos que o corpo humano está formado de tecidos, células, moléculas e átomos. A hemácia mede em torno de 7 000 nanômetros. Esta célula é enorme se comparada à hemoglobina, que mede cerca de cinco nanômetros, duas vezes maior que uma molécula de DNA, que em uns 2,5 nanômetros de tamanho têm o "código da vida". Quando se fala de produtos com "nanopartículas", estamos nos referindo a partículas que possuem 1 a 100 nanômetros. Estudos recentes demonstram que "nanopartículas" maiores de 30 nanômetros não transpassam as barreiras celulares. Mas e as partículas menores?

O projeto europeu sobre "nanotoxicidade" revela que as evidências científicas sobre o assunto são muito limitadas. Há, por exemplo, evidência de que cremes solares com "nanopartículas" menores de que 13 nanômetros são os mais eficazes e não causam lesões na pele. Assim, a legislação sobre cosméticos deve dar um passo adiante e estabelecer os ingredientes, indicando claramente que contêm "nanopartículas" inserindo a palavra "nano" depois do nome do ingrediente concreto.

***

No entanto, um jogo na rede de computadores resolve melhor um problema biológico que um programa bioinformático. Recentemente, centenas de jogadores na rede, a maioria não especializada em estrutura de moléculas, demonstraram resolver melhor a forma que adquirem as proteínas comparadas aos programas informáticos mais avançados. Como já vimos, a estrutura das cadeias de aminoácidos das proteínas na natureza – sua estrutura tridimensional – é um dos grandes problemas da biologia atual. Para resolver este problema, numerosas equipes dedicam enormes recursos bioinformáticos. A predição pelo computador da estrutura de uma proteína representa um desafio muito grande, porque há que se analisar um número enorme de possibilidades até achar a solução do problema, que se corresponde com um estado ótimo de energia. Este é um processo ainda em desenvolvimento.

Foi publicado na revista *Nature* um artigo que demonstra que os seres humanos dispõem de um talento muito mais avançado para a manipulação especial que os computadores. Apoiando-se nos bioinformáticos foi criado em 2008 um jogo da rede onde os jogadores competem, colaboram, desenvolvem estratégias, acumulam pontos e escalam diferentes níveis, enquanto manipulam proteínas simplificadas com ferramentas intuitivas, mas seguindo as regras da bioquímica. Para os jogadores que não sabem nada de biologia molecular o programa preparou uma introdução, e foi demonstrado, segundo os autores do artigo, que os melhores jogadores, em sua maioria, nunca estudaram bioquímica. Para comprovação, foram desenvolvidos 10 problemas concretos de estruturas de proteínas que os cientistas conheciam, mas que não foram divulgadas ao público. Encontraram que em alguns destes casos, concretamente em cinco, o resultado alcançado pelos melhores jogadores foram mais próximos da realidade. Em outros três casos empataram e em dois casos o computador solucionou o problema.

Interessantemente, as colaborações estabelecidas entre alguns jogadores levaram a novas estratégias e algoritmos, alguns dos quais se incorporaram ao programa bioinformático original. Os autores expressaram que tão interessantes como as predições de Foldit sobre a complexidade foram a variedade e a criatividade, que mostraram o processo humano de busca das estruturas proteicas. A integração da resolução de problemas visuais e a capacidade de desenvolver estratégias dos seres humanos em algoritmos de computação tradicional através de jogos interativos, constituem um novo e poderoso enfoque para resolver problemas científicos para os quais existem limites computacionais. Estamos no início de uma nova era que mistura a computação científica e as pessoas em busca de soluções aos problemas biológicos.

***

Isto é somente a ponta do *iceberg*. É evidente o efeito dos estudos bioquímicos e da biologia molecular de doenças importantes para a saúde

INOVAÇÃO E EMPRESAS

pública ou da genômica para a agricultura. Ter bons matemáticos é também crucial para que se possam formar pessoas dedicadas às engenharias, as telecomunicações, desde o engenheiro que planeja uma rede até o técnico que coloca em sua casa um ponto de linha para Internet, ou a pessoa dedicada ao controle de qualidade em um fábrica de medicamento ou de automóvel, ou de equipamentos médicos.

Entrando agora para a área de da física. Participar de grandes projetos de fusão nuclear, de física de partículas, de climatologia, ou de física quântica, tão necessária ao país, é imprescindível para logo poder transferir conhecimentos ao setor industrial. Um exemplo tecnológico extraordinário da importância da ciência está na descoberta do transístor. A tecnologia da informação e comunicação que se desenvolveu depois da descoberta do transístor aproximou os países, até mesmo os continentes, e serviu de oportunidade também de integração social entre diferentes países. Isto faz com que a vida seja melhor e igualitária.

***

Ele sentiu que suas palavras estavam sensibilizando a plateia. Sempre que ele falava em inovação os ouvintes ficavam entusiasmados, vibrando mesmo, e continuou o assunto:

– Vocês devem considerar que há um sentimento universal de que o uso do conhecimento científico incrementa a economia e, como consequência, a qualidade de vida em todo o planeta. A inovação e a ciência são fontes de bem-estar social, por isto os governos devem fazer visíveis, sempre que possível, os resultados de trabalhos dos cientistas. Há necessidade de colocar em sintonia a ciência, a tecnologia, a inovação e a indústria. A inovação tecnológica tem valor quando as políticas das instituições se integram com a indústria, porque quando surge uma nova aplicação científica se criam novos postos de trabalho e a sociedade tem melhor desenvolvimento. As empresas inovadoras nascem e vivem do desenvolvimento de patentes e são as principais geradoras de empregos. Dos descobrimentos dos biólogos marinhos ou dos engenheiros mecânicos podem depender os trabalhos dos pescadores, ou dos operários do setor automobilístico. A síntese de uma nova molécula pode modificar a economia de uma indústria farmacêutica. O estudo de plantas transgênicas pode aumentar o emprego em zonas rurais melhorando as condições sociais desta gente. A melhoria no trabalho rural se reflete nas cidades.

Também, para entender nossa sociedade e poder planificar com objetivo, e não improvisando, nós precisamos de demógrafos, geógrafos, sociólogos, estatísticos, informáticos, para desenvolverem novas teorias e modelos. E vou mais além! Ao falar das humanidades leva-se em conta a compreensão de outras sociedades e culturas, mentalidades e formas de vida que são fundamentais para poder exportar produtos, bem como para o desenvolvimento integral dos cidadãos e estabelecer alianças entre os povos, pois aumenta a compreensão entre os indivíduos e o mundo. A crítica e o conhecimento podem nos ajudar a orientar e formar opinião sobre temas importantes como o aquecimento global, o desflorestamento da Amazônia, o biocombustível, a energia nuclear, a crise econômica mundial, os alimentos transgênicos, a utilização de células-tronco e outros mais.

***

E seguiu sua argumentação dando ênfase e tentando responder ao estudante angustiado:

– Na área empresarial só se fala em inovação, ou seja, a competitividade está em moda em todos os países. A questão séria é: pode-se ensinar a ser criativo? O ensino da inovação aumenta nas Universidades, mas o impulso de sua prática é visto de maneira diferente. Uns defendem que a matéria-prima da inovação é a alta tecnologia. Outros acreditam que ensinar somente a tecnologia, sem transformar o modo de pensar, não leva a lugar algum. Tem aqueles que já pensam em criar uma pós-graduação especializada em inovação "inovadora", pois eles acham que os cursos existentes têm potencializado o lado esquerdo do cérebro, o que trabalha com dados e números, e está na hora de prestar atenção no lado direito, o da criatividade e gerador da inovação. A inovação tem que estar em todos os passos da formação de um bom profissional. Deve ser incrementada nos cursos fundamentais e técnicos, de graduação e pós-graduação e, finalmente, nos parques tecnológicos e de inovação que várias Universidades estão desenvolvendo. As incubadoras industriais não devem contratar somente um projeto ou um produto ou processo, mas sim seu potencial inovador e dar tempo para que ele se desenvolva e chegue ao produto final. Não se pode conseguir uma inovação da noite para o dia.

Está claro que a inovação não se baseia somente na tecnologia. Na maioria das empresas a inovação deve estar presente. É uma tarefa difícil eliminar os temores que existem nos empresários para que sejam inovativos. Pode-se inovar em tudo: na administração da empresa, no setor financeiro, na gerência de pessoal e até nos produtos desenvolvidos pela empresa, não é verdade? Os receios da instabilidade e fracasso devem ser colocados de lado. Em nosso país não faltam boas ideias. Falta, na verdade, a capacidade de colocá-las no mercado. É neste ponto que a atenção do Estado e dos empresários devem-se fixar, ou seja, potenciar a ação inovadora, sua capacidade de empreender e colocar a mercadoria inovadora na rua. O que precisamos é de bons profissionais, porque não faltarão empregos para eles. Somente assim o nosso país estará entre as principais nações nos próximos anos.

***

O debate continuou ainda por cerca de 1 hora. No final o coordenador do evento expressando em nome de todos fez uma solicitação importante:

— "Mestre" como você coloca suas ideias finais nesta conferência e no debate aqui desencadeado, para encerrar os objetivos que tínhamos ao realizar o convite para vir conversar conosco?

O conferencista pensou um pouco, tomou um gole de água, e retorquiu, procurando ser claro nos principais pontos e argumentos que foram discutidos na palestra.

— Olhem, inicialmente considero os pontos de fomentar a pesquisa científica e tecnológica em todos os âmbitos do conhecimento com fator fundamental para aumento do conhecimento e competitividade, pois cria a "atmosfera" favorável à inovação. O nosso país está aumentando a produtividade científica e melhorando a educação que é a base de uma ciência capaz de impulsionar a inovação tecnológica. Quando digo inovação quero deixar bem claro: em todos os setores produtivos incrementar a indução de transferência de conhecimento e tecnologia é fundamental. Já explicitei que sem a ciência com visão multidisciplinar não existe inovação, que as interconexões entre conhecimento díspares são imprescindíveis neste processo. Em outro plano, também importante, devemos com o desenvolvimento da inovação contribuir para um crescimento sustentável e homogêneo que possibilite uma sociedade mais harmônica e feliz.

É relevante propor e coordenar as políticas de ciência e tecnologia voltadas para a inovação de acordo com as ideias de unidades e competência elaboradas por um planejamento de Estado que deixem claros a garantia de objetivos, indicadores plausíveis e investimento de recursos financeiros federais, estaduais e municipais e da própria empresa. Isto leva ao fortalecimento das instituições científicas, Universidades e indústrias do país. A comunidade científica e o setor industrial não devem ir cada um para o seu lado, isto aumenta o abismo existente entre eles. Pontos que não poderiam ser esquecidos: criar uma plataforma permanente para trabalhar conjuntamente na identificação de novas oportunidades de negócio, facilitar a implantação de parques industriais, onde pesquisadores estão com os olhos voltados à inovação de produtos e processos para melhorar os parâmetros da competitividade. Não é de menos importância a formação contínua, a qualificação e o aumento da capacidade do pessoal de todos os níveis envolvido na área, para atingir o mais rápido possível a política de inovação pretendida. Por fim, mas não por último, não podemos ficar isolados no planeta. Esta política de inovação deve favorecer a internacionalização da pesquisa, do desenvolvimento tecnológico e da inovação, orientada ao progresso social e produtivo e impulsionar a cultura científica e tecnológica através da formação e divulgação da ciência realizada no país. Ou seja, junto com sua pesquisa de alto nível, o cientista tem que seguir uma segunda carreira, a de educar o público em ciência utilizando seus livros, artigos, conferências e outras atividades. A ciência deve estar sempre buscando algo, jamais é um descobrimento que estanque o conhecimento. É uma viagem e nunca uma chegada. Se não é entendida pela sociedade não serve para muita coisa e se ela não é compreendida é porque os cientistas não sabem ou não querem expressar-se de maneira amena para o público em geral.

***

Devemos analisar com cuidado a situação complexa que passa nosso país para recomendar uma economia social de mercado competitiva; maior flexibilidade, a segurança no emprego; melhorar o sistema de educação com a finalidade de tornar real a sociedade do conhecimento; assegurar o abastecimento energético coerente a um país em desenvolvimento; enfim, conseguir o equilíbrio correto entre a liberdade e a segurança política e social para um diversificado e heterogêneo Estado com todos os problemas como o nosso.

O "Mestre", já mostrando cansaço em sua face e querendo encerrar o debate, expressou:

– Eu vou parar essa conversa aqui. De outra maneira a tarde de hoje seria muito pequena para continuar a discutir o assunto inovação, pois ela é o futuro onde deve chegar toda nova ideia, é a "galinha dos ovos de ouro" de um processo ou produto comercializável. É nossa obrigação transformar inovação em cultura – disse meio rindo, meio sério. Continuando assim vamos chegar à conclusão que temos que inovar também este nosso próprio seminário e debate. Obrigado a todos vocês e até a próxima oportunidade.

Os ouvintes aplaudiram o "Mestre" com entusiasmo, mas suas reflexões sinceras causaram certo grau de preocupação com o futuro e isto se refletia nas faces dos estudantes.

"LOUCURA": A CRIATIVIDADE NA CIÊNCIA

O cérebro do "Mestre" é um exercício constante de reflexão sobre a ciência, os problemas do ser humano e outros dramas da vida. Seu trabalho possui uma grande força interna não somente por sua concepção e elaboração estética dos questionamentos dos experimentos como para ter clareza nos dados que são observados e nas respostas advindas. Para ele, fazer ciência é preciso abandonar os caminhos seguros para penetrar no risco dos rumos do inexplorado. O laboratório é uma mistura de ambiente de um conhecido cenário tradicional, pois têm equipamentos, reagentes, pipetas, tubos de ensaio, frascos, computadores, bancadas, etc., mas também é enriquecido pela sabedoria oriental zen ou pelo rito budista dos que lá trabalham. É necessário que se fique sozinho, em silêncio absoluto e muita paz. É contrário a tudo aquilo que a vida necessita frente ao mundo moderno que tem o barulho, o ruído e a busca do divertimento e distração crônica. O silêncio também fala e se comunica, e esta expressão é uma sensação de onde emergem e flutuam as ideias. O espaço do laboratório não é morto, e sim um local vivo e pulsante, onde os olhos de seus orientados brilham como nunca. O laboratório representa então o silêncio e a beleza iluminada, um bálsamo como uma bela música, um espaço de quietude e contemplação, porque a ciência necessita de uma via de tranquilidade, compreensão e de tempo, para ser bem elaborada, traduzida e interpretada pelos estudantes.

– Você é um grande sonhador, talvez até um pouco ingênuo. Para nós isto é muito bom, mas para a vida não sei não. O orientador deve ser tudo isto que você explica? – perguntou cheia de dúvidas a estudante de doutorado que participava de mais uma reflexão do laboratório.

Ele respondeu com a simplicidade de sempre, tentando explicar seus pensamentos àquela estudante:

– Não quero criar a fascinação da mosca pela aranha ou da aranha pela mosca. Três aspectos na vida de um bom cientista e orientador me parecem singulares. Primeiro, preferir a cooperação à competição. Diferentemente de outras atividades humanas, a cooperação na ciência é intrínseca, inerente à própria atividade de pesquisa. Nos laboratórios harmônicos a colaboração é inata e a base do relacionamento interpessoal. Essa colaboração permitirá avanços no conhecimento muito maiores na ciência do que se tivesse trabalhando sozinho. Mas deve ser lembrado: "Um estudante sem invadir o espaço do outro." Mesmo no caso de "ter" um competidor, o cientista tem que colocar publicamente seus resultados. Em ciência tudo deve estar acessível para todos. O enfoque dado pelo seu competidor pode ajudar mais a nós mesmos do que a ele.

Segundo, o entusiasmo do avanço científico deriva novas maneiras de pensar e de "entender" o sistema biológico. É algo parecido com dedicar-se à música. Mas, há uma grande diferença: nós podemos executar mal as notas e não acontece nada. Não há punições mesmo que o som seja horrível. Fazer pesquisa de vanguarda muitas vezes pode levar aos equívocos antes de achar a resposta provável. É como entender a linguagem da natureza. Observá-la é conversar com ela, perguntar ou falar antes de escutar, decifrar suas palavras e gramática para depois ler ou decifrar as mensagens expressas. Às vezes, nos enganamos com os códigos apresentados. O que aprendemos é uma pequena fatia, muito pequena, do que não sabemos. O que anima o bom cientista é que os novos conhecimentos possam ser usados na melhor formação de nossos estudantes, na

"LOUCURA": A CRIATIVIDADE NA CIÊNCIA

modernização do país e no benefício da população. O cientista tem uma maneira diferente de ser cidadão.

O terceiro ponto é ser generoso e ter sempre ao lado seus estudantes. Isso é investir no futuro do país. E mais: passar a eles tudo o que se sabe para que os alunos sejam melhores que seus mestres. Essa é a única forma de aumentar a credibilidade e a importância da ciência para o país. Isso é como uma corrida de bastão onde passamos o bastão ("conhecimento") ao próximo que deve ser jovem, estar descansado e pode correr mais e melhor do que nós. A vida também é assim: uma eterna substituição dos materiais biológicos mais velhos pelos tecidos mais novos.

Continuou a conversar com grande seriedade e olhando para a estudante que tinha entrado recentemente no laboratório:

– Em minha vida tenho desfrutado muito da pesquisa e de suas contradições. Viver isto é sempre um prazer e uma felicidade. Eu gosto do que faço. Talvez não seja muito comum gostar do trabalho que se faz. Comigo, não é assim! Divirto-me mais trabalhando no laboratório do que nas coisas normais da vida. Uma vida sem ciência é como o mundo sem música. Mas envelhecemos. Alguém se torna velho não porque falta energia, e sim porque faltam os estímulos que se têm aos 20 anos, a vontade de ser reconhecido, que no fundo é o ideal de todos os cientistas jovens. Vocês devem realizar suas ideias e procurar o melhor ambiente para fazê-las. Eu ainda tenho esta eletricidade quando estou no laboratório, para as outras coisas talvez não. Dizem que os mais velhos se tornam mais sábios no sentido real do termo, que é aprender a viver. Sei bem que a sabedoria não é um punhado de frases, mas sim a prática cotidiana na vida. Por exemplo, uma de minhas "loucuras" é considerar questionável que a pesquisa avança rapidamente e com tecnologia de ponta. Eu acredito que a ciência avança com as grandes ideias. Mas também é óbvio que as definições decorrentes da ciência está caminhando para o mais comercial. Quando olhamos os dados estatísticos se constata que o investimento mundial é cinco vezes maior em medicamentos para a virilidade masculina e o silicone para as mulheres do que para a cura do Alzheimer. Não é preciso dizer mais nada!

***

Hoje, eu me encontro muito mais livre do que quando era jovem. Sou um "viciado" em ciência e quase sempre perco o contato com o sentido da realidade. No bom sentido me "enlouqueço" de maneira semelhante aos jovens que se engancham na Internet todas as horas buscando vida no mundo dos teclados.

De repente, um estudante interferindo no que o "Mestre" dizia, perguntou com a ênfase necessária:

– Você poderia viver a vida sem fazer ciência? Ou seja, você se dedicaria a outra coisa sem ser o laboratório?

A resposta foi rápida e sincera:

– Eu gostaria, mas não poderia. Às vezes sofro com uma orientação de estudantes, mas depois eles me dão muita alegria. Por isto nas primeiras conversas eu transmito minha experiência do passado. Às vezes não tenho nenhuma nova ideia. Em meus piores momentos, aqueles em que tudo foge e novas hipóteses não vêm ideias, corro para o computador e me ponho a estudar. Fico sem novas ideias, mas nunca sem o meu melhor amigo, o computador, que me tem sido fiel em todas as horas. Com a evolução, os trabalhos me ensinam a enxergar o futuro. Devido a esta maneira de ser, eu não consigo viver sem a ciência. Tenho minhas obsessões de sempre, que nasceram em minha infância. Lembro de minha mãe falando: "Tem que aprender sempre mais, desfrutar o que aprende e buscar mais e mais conhecimentos, seja disciplinado e use o conhecimento da melhor maneira. Esta é a única maneira de ser feliz." Mas a palavra feliz é insuficiente para explicitar minha emoção de fazer ciência. Fico mesmo é em "estado de graça". Por isto em cada trabalho científico que faço, em cada orientação que tenho, busco al-

"LOUCURA": A CRIATIVIDADE NA CIÊNCIA

guma surpresa, alguma coisa original que chame atenção dos colegas. Assim reitero à comunidade meu entusiasmo com a criatividade não interrompida de vocês.

E continuou:

– O que aprendo ao fazer ciência e a orientar me ajuda a compreender muitas coisas. Sei que elas têm seus limites. Aí está o mistério da ciência e sua beleza! Sempre digo que o segredo de levar um experimento impossível adiante é, precisamente, não centrar-se nas impossibilidades. Se usar a lógica do conhecimento existente desde o primeiro momento, o experimento torna-se impossível de ser realizado. Este entendimento tem-me feito contemplar a ciência e falar mais da alegria do que dos problemas e das tristezas que ela trás. Esta diferenciação permite adquirir maior domínio sobre o pensamento, aprendendo a valorizá-lo, como também a comprovar em experimentos sua veracidade ou a definir a probabilidade de acontecer o fato pensado. Assim avança a ciência e a tecnologia, e é o ritmo desse avanço vertiginoso que a sociedade dificilmente acompanhará. Estamos em uma plena revolução das novas tecnologias e, como se sabe, tudo que está no meio de uma revolução não se sabe para onde vai.

Quando inventou o rádio, Marconi não pensou que poderia transmitir coisas da vida cotidiana e chegar até onde o rádio chegou. Outro belo exemplo é o *facebook*. Ninguém duvida de que ele é uma forma de manter-se em contato com os amigos de maneira rápida, mas o *facebook* está criando ilhas de conhecimento, porque somente se comunica com os que possuem ideias semelhantes. O melhor seria uma hibridização de ideias, se comunicarem com pessoas que pensam coisas diferentes. Veja o caso da Internet. Sua melhor vantagem é, sem dúvida, a busca, já que pode encontrar mais informação que em qualquer parte. Até pode-se utilizar a Internet para a democracia. Se bem que para o bem ou para o mal, porque nem tudo democrático é bom. Winston Churchill dizia que a democracia é o pior sistema que existe, excluindo todos os demais. Não obstante, acredito que estamos avançando no caminho da democracia através da Internet.

* * *

Sempre observo a vida como uma expressão de conflitos, ansiedades ou esperanças e emoções, pois esse é um modo de ver que reflete a situação vivida pela sociedade. O laboratório é um ambiente social e isto não é uma patologia, e sim uma via de "escape", de "fuga", de "refúgio" a uma existência, às vezes, insuportável da vida cotidiana. Falo mais de uma história de sabedoria e solidariedade, não da pessoa com ela mesma, mas dela com a turma participante do laboratório. A sabedoria tem algo de pele, de intuição, de sentido, é algo ditado pelo inconsciente, e auxilia em muito a atividade científica. Como disse Einstein: "A única coisa realmente valiosa é a intuição." Quando intuímos nosso cérebro apresenta-se uma ideia que não sabemos de onde saiu, pois a informação é processada inconscientemente. Isto diferencia o pensamento lógico-racional que aprendemos. Quando temos uma intuição sentimos a ideia e não pensamos. É puramente emoção.

Como já disse fiquei algumas vezes muito doente, e me acostumei a meditar enquanto estava hospitalizado. Pensava: "Vou relaxar um pouco e ficava refletindo no leito do CTI, tranquilo." Tinha ali todo o tempo do mundo. A fragilidade do momento me levava para algo muito próximo da meditação sem limites. Imaginava: "Eu desejo aos cientistas a loucura organizada e inteligente que ajuda a luta interior para alcançar o que simboliza a perfeição da lúcida loucura criativa, sempre inerente à condição humana, à impaciência, ao valor do experimento, ao olhar curioso, aos lábios com sorriso, ao desejo infinito, um corpo que não envelheça – principalmente para as mulheres pesquisadoras – ao mesmo tempo em que têm as estrelas, as mãos dos aventureiros, a força das lembranças." Numa outra dessas "viagens" transcendentais concluí que a morte está

"LOUCURA": A CRIATIVIDADE NA CIÊNCIA

em jogos dos opostos. Na vida não devíamos ter separações, mas quase sempre fazemos: o que é "loucura", melancolia e sabedoria, o que chega e o que parte, o alto e o baixo, a vitória e a derrota, o espiritual e o material, a luz e a escuridão, a primavera da esperança e o inverno do desespero, o calor da vida e o frio da morte.

A "loucura" era, para Aristóteles, a doença do gênio, um limite para separar da melancolia e do isolamento. Ela era para ele a consciência clara e irônica dos limites humanos; sua manifestação típica é a obra genial, extraordinária, excepcional, no campo da criatividade na filosofia, literatura, arte, ciência e tecnologia. No fundo somente estes contrastes estão seguindo exatamente o conhecido pulso do Universo. A vida do planeta não é uma sucessão de fatos que é consequência da rotação da Terra sobre seu eixo, que dura aproximadamente 24 horas? Não é o dia o que é noite? Ele vê o tempo que chega e que vai! Newton disse que podia predizer o movimento dos corpos celestes, mas não as "loucuras" das pessoas. Ele terminou trocando a física pela química, depois passou para as finanças e acabou sua vida com obsessão pela religião.

**

Numa outra dessas alucinações no CTI, talvez induzidas pelos anestésicos, tive a visão da complexidade da vida no Universo. Ela não rompe nenhuma lei da física, mas, sem dúvida, é parcialmente sem lei e extremamente criativa e inovadora. Por exemplo, recentemente, comparando as sequências de DNA de pais com as dos filhos, os cientistas estimaram, com um alto grau de significância, que o pai passa 30 mutações para cada filho. Antes se supunha que o número era muito maior, umas 75 mutações. A imensa maioria das mutações é inofensiva para a saúde do descendente, mas conhecer o ritmo que elas são produzidas mostra a complexidade do sistema biológico.

Neste sistema o mais complicado é o cérebro humano, que é um mistério dentro de outro, formado por 100 bilhões de neurônios com cerca de 10 bilhões de conexões entre eles e que podem dar a cada um deles uma capacidade única. Além disto, a modulação das emoções humanas é produto da cultura, é uma consequência da consciência. Sentir é perceber o que cerca. Emocionar é atuar. Quando ocorre isto surge o sentimento. Como isto se realiza? O cérebro possui um mecanismo de criar a diversidade neuronal que faz com que cada pessoa seja totalmente distinta de outra.

Hoje se sabe que os elementos móveis (transposons – segmentos do DNA que movem para um novo local do cromossomo, ou para outro cromossomo ou célula, e alteram a instrução genética existente remodelando-a continuamente), tão importantes para os micro-organismos e vegetais, podem ser relevantes também para o cérebro. Os elementos móveis são sequências de DNA que fazem cópias de si mesmas. Aproximadamente 50% do GH são compostos de restos de elementos móveis. Se isso fosse somente DNA, lixo já tinha desaparecido há muito tempo. Nossa total compreensão da biologia e do cérebro humano depende, em última instância, de uma compreensão completa do genoma e de suas funções. Enquanto o DNA é praticamente igual nas células de um dado organismo, o RNA varia dependendo de que genes se ativam a cada momento e em que condições eles são ativados. Estes transposons combinados quase que aleatoriamente nos genes e a produção controlada (de modo ainda não totalmente conhecido) dos RNA, nos fazem seres únicos.

**

Os princípios da evolução expostos por Darwin em 1859 são válidos para todos os organismos vivos. Estes princípios nos mostram que o processo evolutivo é incrivelmente lento. A evolução é tão lenta que não pode ser observada no período de vida de uma pessoa. Até hoje não temos evidências de uma evolução medida com mais precisão. Seria interessante comparar uma série de genomas ancestrais que se transformaram em uma espécie moderna real. Se pudéssemos realizar isto disporíamos de detalhes minuciosos dos fatos evolutivos que se sucederam. Observaríamos as mudanças graduais no genoma das novas espécies. Mas isto é um sonho, porque o DNA de qualquer organismo se degrada nos milhões de anos necessários para o processo evolutivo.

Os cientistas estão tentando resolver este problema desenvolvendo programas bioinformáticos específicos para reconstruir os genomas de espécies ancestrais utilizando as informações gênicas de seus descendentes. A ideia é simples, pois dá preferência à solução menos complexa para resolver um determinado problema. Conhecemos as versões modernas do genoma do rato e do genoma humano. Supomos agora que ambas herdaram esta colocação de seu último antepassado comum, em vez de imaginar que tenham chegado a esta proximidade de forma independente. Esta hipótese é real, por motivos distintos a cada uma das espécies. Os sucessos evolutivos que mudam a ordem dos genes não é algo muito comum, é algo médio de 1 e 10 por cada milhão de anos de evolução nos vertebrados. Inúmeras simulações em computador confirmam esta hipótese. Com estes resultados pode-se investigar a evolução através do tempo, tal como foram produzidas na vida real a mais de 400 milhões de anos. Graças a isto podemos imaginar uma evolução em pleno funcionamento próxima da realidade utilizando-se uma programação computacional.

***

Isto me lembra a história bem conhecida dos cegos que descreviam, uns para os outros, um elefante. Um deles tocou na tromba e disse que o elefante é como uma serpente. Outro cego pega em uma pata e descreve o elefante como uma coluna. Um terceiro põe as mãos nas costas do animal e conclui que é como uma parede. Acho que este é um conto original hindu ou talvez persa ou budista. Este ensinamento tem sido usado para ilustrar que o que todos vemos em nossos diferentes experimentos é somente uma parte do todo. Nem tanto nem pouco. Necessita-se estudar e aprender a complexidade dos fenômenos biológicos para analisar com segurança os resultados das perguntas feitas. Deve-se ir além do genoma e compreender mais a evolução humana, as doenças dependentes ou não dos genes, e, porque não, das áreas pós-genômica da pesquisa em biologia e em medicina e dos futuros desenvolvimentos, incluindo o microbioma humano.

***

Os mosquitos são os principais vetores de doenças humanas, especialmente em regiões tropicais e temperadas. Eles são responsáveis pela transmissão de doenças como a malária (*Anopheles*), a dengue e a febre amarela (*Aedes*), e diversos tipos de encefalites e filarioses (*Culex*, *Aedes*, *Anopheles*), entre outras. Até agora, já havia sido sequenciado o genoma de uma espécie de mosquito do gênero *Anopheles* e uma espécie de mosquito do gênero *Aedes*. Com a sequência recentemente publicada na revista *Science* do mosquito *Culex quimquefasciatus*, se completa três genomas de referência para os gêneros de mosquitos que transmitem mais doenças em todo o planeta.

O *Culex* é o gênero de mosquitos mais diversificado – possui mais de 1 200 espécies descritas – e apresenta a maior distribuição geográfica. Espera-se que o estudo destes três genomas forneça uma maneira de compreender a biologia dos mosquitos e assim poder diminuir sua atividade como inseto vetor de tantas doenças.

O genoma do *Culex* é formado de 18 883 genes que codificam proteínas e este DNA é 22% maior do que o do *Aedes aegypti* e 52% maior do que o de *Anopheles gambiae*. Estas diferenças do tamanho genômico entre eles se devem ao aumento do genoma do *Culex* devido à expansão de algumas famílias de genes, principalmente aquelas relacionadas com

"LOUCURA": A CRIATIVIDADE NA CIÊNCIA

receptores gustativos e olfativos, genes relacionados com o sistema imune e genes com possíveis funções no mecanismo de detoxicação.

***

A revelação da sequência do GH completa em 2010, dez anos. Quando a Casa Branca com Bill Clinton e Tony Blair em um tom de festa anunciaram o GH, as pessoas imaginaram resultados imediatos e tangíveis, como a base molecular da doença, seu diagnóstico acurado e tratamento personalizado da doença. Imaginávamos possuir 100 mil genes e descobrimos ter, após uma revisão cuidadosa, de 21 a 25 mil genes, e há variação importante dentro e entre populações humanas. Já foram identificados cerca de 1,42 milhão de polimorfismo de base única (SNP, sigla em inglês de *single nucleotide polymorphisms*), variações comuns em nosso genoma. Não esperávamos que a variabilidade genética entre indivíduos fosse 0,1% ou um pouco mais. Apesar dos enormes avanços científicos, o conhecimento gerado nesta área ainda não teve um efeito direto na saúde da maioria das pessoas. Francis Collins, líder do consórcio público do GH, sempre lembra que a genômica obedece à primeira lei da tecnologia: "Sempre superestimamos os impactos da tecnologia de curto prazo e subestimamos seus efeitos em longo prazo." A verdade é que a vida é complexa e não é surpresa que a sequência do GH trouxe mais perguntas que respostas.

Mas, algumas coisas importantes ocorreram nestes 10 anos. Houve um desenvolvimento de tecnologias sofisticadas que levaram a uma redução enorme no preço do sequenciamento de DNA e economia de tempo na determinação de genomas. A publicação do GH marcou o início de uma nova história da ciência, e não o seu final. Há muito mais para aprender. Craig Venter, líder do projeto privado do GH, acredita que em breve será possível sequenciar o genoma de uma pessoa por mil dólares, e a revelação de que o GH está apenas em seu começo. A capacidade crescente dos computadores terá um papel fundamental na exploração e na comparação de genomas. Com isto já se começa a planejar a simulação efetiva do funcionamento de organismos vivos.

Já existem a sequência de genomas de 14 mamíferos e de outros vertebrados, invertebrados, fungos, bactérias e plantas. A genômica comparativa com isto permite a análise da evolução e da função de genes a um nível jamais imaginado. Mas ainda não compreendemos o que representa as sequências do DNA lixo. Esta sequência que aparentemente não tinha nenhum significado, sabe-se hoje que possuem um papel relevante na regulação genética.

***

A existência de DNA lixo tem sido mostrada experimentalmente. Têm sido produzidos ratos cujos genomas tenham perdido até 1% de regiões onde se localizam os chamados desertos de DNA, extensas zonas de cromossomas carentes de genes. Estes animais nasciam e viviam sem sentir a falta da parte retirada de seus DNA. Isto demonstra de fato que estas regiões do DNA não exercem função alguma, ou seja, ao menos não exercem uma atividade importante para a vida destes animais. Sem dúvida, nem todo o DNA lixo deve ser inútil. Em certas ocasiões, esta porção do DNA pode e deve ser reciclada. De fato, em 2006, os cientistas Andrew Fire e Craig Mello ganharam o Prêmio Nobel pelo descobrimento dos genes chamados micro-RNA, o RNA de interferência, que antes formavam parte do DNA lixo. Os micro-RNA são pequenos genes que produzem RNA regulares, por interferência com os RNA mensageiros que regulam a produção de proteínas codificadas pelos genes normais. Estes genes de interferência regulam até 30% de todos os nossos genes e podem ser utilizados como ferramentas gênicas para bloquear o funcionamento indesejado de alguns genes que sofreram mutação, como, por

"LOUCURA": A CRIATIVIDADE NA CIÊNCIA

exemplo, os que podem gerar um câncer. Sem dúvida, há muito ainda que conhecer sobre essa maravilhosa molécula da vida que é o DNA.

***

Às vezes, mudanças no DNA são importantes. Na década 1980 do século passado foi verificado que tínhamos em nossa vida metilações de genes específicos, ativando-os ou inativando-os, e que em certas ocasiões em informação genética sobre (epi) a sequência de bases do DNA poderia ser transmitida aos nossos filhos. As metilações de DNA (epigenética) são importantes na medicina. Metilações acumuladas na infância podem afetar a expressão de genes relacionados nas funções cognitivas. Como consequência estes genes transcrevem menos RNA, produzem menos proteínas, mudam a atividade neuronal que, no final, altera o nosso comportamento. Aparentemente, estas metilações não são aleatórias. Existem regiões do DNA com mais predisposição a serem metiladas do que outras. Assim, os genes podem condicionar a doença de maneira direta como no caso da fibrose cística, em combinação com o meio ambiente (tendência à obesidade ou doença cardíaca), ou mesmo sensibilidade a infecções. Nestes três casos o fator epigenético pode ter um papel importante na expressão gênica.

***

Como estamos vendo, a genética por si só não pode explicar todas as perguntas. Até pouco tempo se acreditava que o DNA era uma combinação de quatro "bases": A, C, G, T. Como vimos, agora sabemos que existe uma quinta "peça": o grupo química metila (um átomo de carbono e três hidrogênios) que se associa para "silenciar" os genes. Ligar-se a um gene (ao C, citosina), funciona como um interruptor que o apaga sem alterar a ordem das bases, mas evita que se expresse. Outro elemento-chave na regulação epigenética está relacionado não com os genes, mas sim com as proteínas encarregadas de "empacotá-los" no núcleo celular. A representação gráfica convencional do DNA é sua dupla fita. Se fosse sem estar compactado, o DNA ocuparia pelo menos 3 metros em linha reta. Para o "envasar" no núcleo de uma célula, de um diâmetro médio de 1,7 micra, este material genético necessita estar comprimido, formando um novelo para se encaixar o núcleo. Quem realiza isso são as proteínas chamadas histonas. Não faz muito tempo que se achava que estas proteínas tinham uma função passiva e serviam somente para envolver os genes. No entanto, são muito mais importantes. Se houver alterações neste processo os genes estariam demasiadamente comprimidos (e não se expressavam) ou muito relaxados (sem funcionalidade). Estes mecanismos são básicos para o funcionamento normal das células. Por exemplo, estes processos são importantes para evitar a expressão de sequências de DNA parasitas adquiridas após milhões de anos de evolução ou para ajudar que em cada tecido se ativem genes que correspondam a ele. Alterações nestes mecanismos mudam o comportamento dos genes, o que pode levar a uma enfermidade.

***

Um dos casos interessantes da epigenética é o caso das abelhas. Estes animais de uma mesma colônia são geneticamente idênticos, mas podem-se converter em zangões, operários, ou rainhas. Em algumas situações, dependendo das necessidades da colônia, umas podem-se transformar em outras. A pergunta que fica no ar é: Como um animal do mesmo tipo genético pode formar fenótipos variados? É claro que em diferentes formas das abelhas se expressam diferentes genes regulados, certamente, pela epigenética. Tudo indica que os últimos dez anos

"LOUCURA": A CRIATIVIDADE NA CIÊNCIA

foram poucos para compreendermos com mais detalhe o genoma destes insetos sociais.

***

Vejam vocês sobre o que estou falando. Recentemente foi sequenciado o genoma de um homem que morreu há 4 mil anos na Groenlândia e cujos restos se conservaram, congelados, durante todo este tempo. Estudando o material genético, os cientistas averiguaram, entre outras coisas, que era moreno, tinha olhos castanhos, os cabelos pretos e uma forte tendência à calvície. As análises de seu DNA mostram que o esquimó pré-histórico, geneticamente adaptado às temperaturas geladas, corria risco de sofrer de otite devido à cera muito seca que tinha no ouvido. Observaram também que tinha o grupo sanguíneo A+ e que se alimentava basicamente de recursos marinhos, como peixes e, talvez, baleias. Com as técnicas modernas, derivadas do avanço tecnológico conseguido pela primeira sequência do GH no ano 2000, permitiu-se gerar o genoma quase completo do homem "esquimó", com maior qualidade e detalhe e em muito menos tempo do que se poderia fazer há 10 anos.

Mas assim é a ciência. Qualquer dado que se considere correto há alguns anos pode ser interpretado diferentemente pelo uso de tecnologias de última geração. Acreditávamos que os neandertais nunca haviam "trocado" genes com os seres humanos (*Homo sapiens*), pois eles haviam desaparecido da Terra há cerca de 30 mil anos. É uma ideia não descartada que nos dá certa simpatia por saber que aqueles hominídeos fortes e de pernas curtas nos doaram alguns genes. Foi publicado na revista *Science* que o ser humano conserva algo entre 1 e 4% do DNA dos neandertais. Esta mistura de genes aparentemente ocorreu pouco antes ou pouco depois de o *H. sapiens* abandonar a África para colonizar a Europa e depois a Ásia, ou seja, este trabalho levanta a hipótese controvertida de que os seres humanos modernos e os neandertais cruzaram e tiveram descendentes. Parece que conservamos um pouco dos neandertais ainda no século XXI.

***

Sabe-se que a vida é inerente ao Universo, mas também que é o sistema mais complexo que se conhece. Veja o caso da bactéria *Mycoplasma pneumoniae* cujo proteoma, rede metabólica e os RNA que são transcritos dos genes, mostra que ela é suficientemente complexa para sobreviver por ela mesma. Esta bactéria possui moléculas multifuncionais, enzimas que catalisam reações múltiplas e outras proteínas que participam dessa complexidade. O *M. pneumoniae* é um organismo tremendamente básico, possui um genoma muito pequeno, complexo proteico com o mínimo para poderem replicar-se e dividir-se, mas flexível e preparado para ajustar seu metabolismo a mudanças drásticas de condições ambientais. Sem essas adaptações metabólicas a bactéria sequer poderia existir. No entanto, ela tem-se mantido intacta após milhões de anos de evolução. Uma bactéria normal tem umas 400 proteínas que regulam e expressam outras proteínas, e o micoplasma tem no máximo 10 proteínas. Outras bactérias têm 50 sistemas que permitem que elas se comuniquem com o mundo exterior mediante tradução de sinais, enquanto o micoplasma tem somente uma quinase e uma fosfatase. Apesar de parecer muito simples, ela tem respostas complexas às perturbações exteriores. No passado se estudou organismos mais complexos para investigar mecanismos de regulação celular, não dando conta que a um nível inferior pode haver mecanismos muito mais básicos que desconhecemos. Ou seja, para entender como funciona uma célula em detalhe pode ser muito mais difícil que nós imaginávamos.

***

A vida pode ser muito mais complexa do que imaginamos. As células são formadas por átomos de carbono, hidrogênio, nitrogênio, oxigênio, enxofre e fósforo. Estes são os pilares fundamentais da vida que conhecemos. Recentemente, cientistas da NASA revelaram que podem crescer alguns micro-organismos durante meses com o arsênico – um átomo de propriedades muito similares ao fósforo, porém maior – que normalmente é tóxico, porque altera as funções metabólicas dos organismos, ocupando o lugar do fósforo. Ele é tóxico justamente por ser tão parecido com o fósforo, e a célula o confunde e tenta absorvê-lo e incorporar em seu metabolismo. Pois bem, bactérias que vivem em ambientes extremos, com grande quantidade de arsênico ao seu redor, têm aprendido a tolerá-lo. Embora essa bactéria continue preferindo o fósforo é capaz de sobreviver com outro elemento – um caso insólito de adaptabilidade. Estas bactérias em questão são da família da Halomonadaceas e podem ser considerados organismos especiais, ou seja, capazes de se desenvolver em condições naturais extremas, como alta ou baixa temperatura, acidez ou salinidade. Eles são os primeiros micro-organismos que se conhece capazes de utilizar o arsênico para se desenvolver. Este elemento era um nutriente abundante na Terra primitiva, e já vinha sendo discutido pelos cientistas como importante por estar abaixo do fósforo na tabela periódica e compartir muitas propriedades, o que permitia especular sobre sua capacidade de substituição do fósforo na vias metabólicas.

Estas bactérias vivem em um lago de água muito salgada e naturalmente rica em arsênico. Sabia-se que existiam micro-organismos que vivem próximos desse tóxico e o aproveitam energeticamente. O fósforo é um componente básico do DNA e de umas moléculas que atuam como reservas de energia chamadas de ATP. No trabalho recente foi demonstrado algo mais: as bactérias podem substituir completamente o fósforo pelo arsênico e, inclusive, incorporá-lo no DNA e também na molécula do ATP encarregada de proporcionar energia para a célula, ou em membranas celulares, e esta seguir desenvolvendo de modo estável. No entanto, este artigo tem tido inúmeros opositores que não acreditam nos dados. É assim que a ciência avança. Nos próximos anos aparecerão dados que explicarão os dados obtidos. Isto tudo nos leva a uma "loucura" biológica. Este entendimento nos revela que a vida, tal como nós a conhecemos, pode ser muito mais flexível e complexa do que pensamos.

***

    Com esses argumentos acredito que se pode compreender melhor o cérebro humano. Sabe-se que as células do cérebro implicadas na memória e na aprendizagem têm uma resposta mais rápida quando o indivíduo tem um acerto do que quando comete um erro, mas com velocidades distintas nos diferentes indivíduos. Se o animal obtém a resposta correta, aparece um sinal em seu cérebro e os neurônios processam a informação de modo mais preciso e efetivo que quando está equivocado. Somente o êxito gera um processo cerebral e melhora o rendimento do animal, mas entre eles o rendimento é diferente. Nosso cérebro é uma máquina de pensar e antecipar. Ao longo do processo evolutivo aumenta vagarosamente nossa capacidade para predizer, utilizando analogias com o conhecimento acumulado pela vida afora. Este é o tributo que adquirimos por ser nossa inteligência privilegiada e é uma ajuda importante para nossa sobrevivência no planeta.

    Com a idade, a capacidade de lembrar o que foi feito no dia de ontem começa a diminuir, chega-se em muitos casos a não lembrar o que foi dito alguns minutos antes, apesar de se manter intactas recordações de muitos anos atrás. Ou seja, falha a memória de curto prazo, que reside fundamentalmente em uma parte do cérebro, o hipocampo, área cerebral onde se geram novos neurônios em muitas espécies de mamíferos, incluindo o ser humano. É como se o disco rígido (*hard disc*) cerebral estivesse lento por estar repleto de informações, e fosse necessário reformatá-lo para permitir o armazenamento de novas lembranças. Quando não há

"LOUCURA": A CRIATIVIDADE NA CIÊNCIA

formação de novos neurônios se produz uma perda da memória em curto prazo, isto é, pode-se ter problema de adquirir informação nova, porque a capacidade de "armazenamento" está preenchida por fatos antigos não eliminados dos neurônios. Isso não pode ser isto um tipo de "loucura" orgânica ou fisiológica?

***

Hoje em dia, com a nanotecnologia pode-se ter um "minissubmarino" viajando através de nossas veias e artérias e avaliar substâncias em nosso cérebro por espectroscopia de ressonância magnética (MRS). Algumas doenças que causam alterações bioquímicas no cérebro podem ser detectadas por este método. A doença bipolar (desordem maníaco-depressiva), por exemplo, pode ser diagnosticada com facilidade. Se usássemos MRS no cérebro de Vincent van Gogh certamente encontraria concentrações do neurotransmissor glutamato bem diferentes da média de aproximadamente 0,8 mmol/L obtidas de pessoas consideradas normais. Por outro lado, o inimigo mais temível do ser humano é a dor, uma entidade que não se pode medir. Ela depende da resistência de cada um, se é mais sensível ou não. Ela é física e também psicológica. Ambas interligadas. Não existe um lugar único de processamento cerebral. Por vezes ela é um mecanismo de proteção. Talvez possamos chegar a um diagnóstico por imagem do que seja a verdadeira dor.

***

Já pensou um Geraldo Viramundo – do livro *O Grande Mentecapto* de Fernando Sabino – sem "loucura" e alucinação, que coisa mais chata e sem graça! Uma vez encontrei Fernando Sabino em um restaurante de Ouro Preto e, tomando um bom vinho, conversei com ele sobre este livro. Quando perguntei de onde tinha tirado o personagem Viramundo,

Fernando, tomando seu vinho naquela noite fria, me disse com uma sabedoria inimaginável:

– Quem não tem um personagem como este em sua proximidade, ou na própria casa, para poder refrescar a memória, vislumbrar deliciosos detalhes e diminuir o peso de nossa vida diária. Que sentido pode ter esta história extravagante se não for a de causar certa perplexidade e atiçar nossa visão do mundo!

Retorqui sorrindo:

– É Sabino, Viramundo é uma ficção, uma criação literária maravilhosa, ímpar, que constitui uma metáfora da vida humana diária inventada por sua "loucura" visionária e criativa.

Fernando Sabino, o homem das montanhas das Minas Gerais, foi um grande escritor brasileiro.

***

Albert Einstein e Isaac Newton foram gênios da ciência e muitos especialistas acreditam que eles poderiam ter falecido da Síndrome de Asperger (AS), uma forma de autismo moderado. Este transtorno, descrito em 1944, é um problema do desenvolvimento cerebral que causa deficiências nas relações sociais e de comunicação, bem como um comportamento obsessivo. Sem dúvida, não afeta a aprendizagem e a criatividade e muita gente com esta síndrome possui habilidade e talento extraordinários. Ainda que seja impossível realizar um diagnóstico definitivo em pessoas falecidas, psiquiatras que estudaram as personalidades de Einstein e Newton revelaram que pelo menos a de Newton parece um caso clássico de AS. Ele quase não conversava e ficava tão absorvido em seu trabalho que às vezes se esquecia de se alimentar, e se mostrava frio e mal-humorado com os poucos amigos que tinha. Einstein também foi um indivíduo solitário em seu mundo e a história nos conta que quando era criança repetia frases compulsivamente. Por outro lado, sabe-se que os gênios podem ser

"LOUCURA": A CRIATIVIDADE NA CIÊNCIA

impacientes e incapazes de ter uma vida social razoável, sem que sejam necessariamente autistas.

***

"Loucuras" como a de van Gogh e Quixote devem ser reconstruídas. O mundo precisa muito da "loucura" da arte e da ciência verdadeira para a felicidade da sociedade. E como seria o cérebro do matemático John Nash ou de Gauguin, Tolstoi ou do próprio Einstein vistos por ressonância magnética? É urgente potencializar a "loucura" científica. Sempre me lembro de Lord William Kelvin quando disse: "É impossível uma máquina voadora mais pesada que o ar." Precisamos mais de inventores "destrambelhados", químicos mais loucos que sonham em converter pedra em ouro, dos matemáticos que pesquisam hipóteses impossíveis e dos físicos teóricos incansáveis que discutem sobre os autênticos sonhos intelectuais. Vamos estudar com afinco a física quântica para estar no trabalho e no divertimento ao mesmo tempo, mediante o conhecido "efeito túnel". É uma "loucura só"! Vamos ter um espírito pujante, original, que nunca duvida da inovação e em abrir brechas nas ideias recebidas e imaginadas. É daí que nasce o caldo de cultivo, a sopa primitiva, o meio de cultura, o desatolar do brejo. É de onde surgem os novos descobrimentos, as novas hipóteses e as ideias inovadoras e geniais.

***

Veja esta história alucinante, bastante conhecida. Max Planck, há mais de cem anos, apresentou em uma reunião da Sociedade Alemã de Física um trabalho que explicava a distribuição de energia quando um objeto à alta temperatura absorve e emite radiação dependendo do comprimento de onda do mesmo. Este cientista usou pela primeira vez a ideia do *quantum* que hoje é chamada de constante de Planck (h). Pouco tempo depois,

Heinrich Rubens mostrou a Planck suas medições de emissão de energia no infravermelho por um corpo negro em diferentes temperaturas. Planck neste mesmo dia encontrou uma equação que descrevia os dados, mas não tinha fundamentos físicos para explicá-la. Ele trabalhou alucinadamente utilizando essa fórmula baseando-se em seus conhecimentos de eletricidade, termodinâmica e mecânica estatística, mas não conseguiu resultado algum. Depois de certo tempo, sua mente brilhante conseguiu encontrar caminhos estatísticos que tornavam possível explicar perfeitamente as observações de Rubens. O primeiro deles estabelecia que a energia emitida e absorvida ocorresse em forma de pequenos "pacotes", mas finitos, e o segundo agregava que tais "pacotes" eram indistinguíveis um do outro.

Imaginem vocês, pelos princípios da física do início do século passado, que o raciocínio estatístico de Planck era completamente alucinado. Em 1931, Planck se referiu a este fato como "um ato de desespero, pois tinha que obter um resultado que coincidisse com os dados de Rubens, em qualquer circunstância e a qualquer custo". Abraham Pais, físico e autor de biografias conhecidas como a de Einstein e de Bohr, disse de Max Planck: "Seu raciocínio foi uma 'loucura' total, mas sua alucinação tinha a qualidade que somente as grandes figuras de transição podem trazer à ciência." Max Planck realizou o primeiro rompimento conceitual que fez a física do século XX ser diferente da do século anterior. A lei da radiação térmica, chamada de Lei de Planck da Radiação, foi a base da teoria quântica, que surgiu depois com a colaboração de Albert Einstein e Niels Bohr.

***

Já em 1917, Einstein, desde que concebeu o princípio da equivalência, se deu conta de que os campos gravitacionais também deveriam afetar a luz. O próprio cientista foi a primeira pessoa que compreendeu que a luz está composta de *quantum* de energia, os fótons, e que a energia de cada *quantum* é inversamente proporcional ao comprimento de onda da luz correspondente. Quanto menor o comprimento de onda, maior é a energia dos fótons associados. Dada a equivalência de massa e energia, Einstein sabia que a fonte de gravidade não podia ser somente a massa, mas tinha que estar associada a toda forma de energia. Também os fótons perdem energia quando saem de um campo gravitacional e dada a proporcionalidade inversa ao comprimento de onda, este comprimento de onda aumenta, ou em palavras mais simples, mudam as cores – no espectro do arco-íris, o vermelho possui o comprimento de onda maior e o violeta menor, por exemplo.

Hoje já foi medida com uma precisão dez mil vezes maior que a que precede um pequeno efeito sobre o comprimento de onda de luz, estudado por Einstein. A equipe chefiada por Steven Chu, atual Secretário de Energia do Governo Obama e Prêmio Nobel em 1997, foi capaz de detectar a diferença de comprimento de onda devido a uma separação na altura de dois átomos, que originam uma pequena, muito pequena mesmo, diferença de atração gravitacional, e de verificar em nível de átomos.

Recentemente, este mesmo grupo, graças a um jogo complexo mecânico/ótico em seu microscópio, com moléculas marcadoras fluorescentes e um sistema de retroalimentação para ajustar as imagens, tem realizado coisas incríveis. Quando se olha com um microscópio ótico estruturas muito pequenas tem que se levar em conta um limite físico: elas não podem ser muito menores que o comprimento de onda da luz, porque então não se tem resolução. Este limite chamado de difração está em torno de 200 nanômetros e a partir daí deve-se utilizar técnicas especiais, como marcar o tecido ou material estudado com moléculas fluorescentes para aumentar a sensibilidade do método. O grupo de Chu explicou na revista *Nature* como são medidas as distâncias entre moléculas com uma resolução menor que um nanômetro, o que significa melhorar em uma ordem de grandeza a capacidade da microscopia ótica existente. Estamos quase que enxergando ou "sentindo" o invisível. Esta é uma nova maneira de comprovar com exatidão o mundo de estudo de Einstein.

***

A mecânica quântica é a teoria que se tem comprovado com medições mais precisas. É, sem dúvida, a teoria de maior êxito na história da ciência. Mesmo assim, a mecânica quântica causou muitas discussões entre seus fundadores. Porém sua capacidade de previsão é incomparável e sua influência em nossa vida cotidiana é impressionante. Mais de 25% do produto mundial bruto dependem diretamente de nossa compreensão da mecânica quântica. Onde estiver um transístor, um *laser*, uma ressonância magnética, está a presença da mecânica quântica. Esta área da física nos tem dado uma compreensão quantitativa da matéria e, com ela, têm sido desenvolvidas, de maneira expressiva, ferramentas essenciais da física, química e biologia, que Max Planck nunca imaginou quando buscava explicar a radiação de um corpo quente. Como iria imaginar?

***

O mundo busca formas diversas de energia que sejam renováveis. Sobre isto lembremos que a energia solar fotovoltaica será uma boa solução nos próximos 10 anos. Inicialmente sendo produzidas nas casas e, posteriormente, grandes plantas fotovoltaicas serão desenvolvidas. A energia termossolar demorará mais um pouco. Assim o potencial do uso da energia solar é enorme. Nos meados deste século cerca de 30% da eletricidade do planeta poderá ter origem solar. Estamos em uma transição histórica entre a eficiência da energia nuclear e a energia solar. Tudo isto que está acontecendo foi baseado nas descobertas de Einstein, Planck e tantos outros físicos que mudaram a história nesta área do conhecimento e hoje podem transformar a história do mundo.

***

"LOUCURA": A CRIATIVIDADE NA CIÊNCIA

Os cientistas são vistos de modo distorcido pela sociedade. Vive-se na idade da "loucura". O mundo está muito louco. A doença da vaca louca, da gripe aviária e da gripe suína têm induzido um grau enorme de histeria coletiva e de gasto econômico desproporcional ao perigo real. A patologia do medo existe na vida contemporânea. A população está com medo do terrorismo global, dos telefones celulares que utilizados demais podem causar câncer cerebral, dos cigarros e das bebidas que levam a uma saúde degradável, da mudança climática que transforma a nossa natureza, das frutas e dos vegetais transgênicos que podem ser desastrosos não sei onde, da contaminação do meio ambiente com toxinas desconhecidas, da velocidade nas estradas que matam cada vez mais.

Mas as coisas não são assim! Atualmente pesquisadores transferiram genes em vegetais que geram um tóxico específico para defender-se de um agente patogênico. Isto é, fortalecem o sistema imune de algumas plantas ao passar genes que as tornam resistentes a um número significativo de patógenos, que causam as doenças mais comuns nos vegetais. Eles introduziram um gene que produz uma molécula que funciona como receptor extracelular que permite a planta reconhecer bactérias e ativar seu sistema imune. Este receptor é uma molécula que identifica padrões moleculares (PRR, em inglês) que são essenciais para a sobrevivência das bactérias. Os PRR não distinguem as proteínas de virulência de uma bactéria específica, e sim as moléculas que se conservam e caracterizam uma classe completa de micróbios, sejam patogênicos ou não. Estes receptores proteicos não geram nenhum efeito tóxico para os seres humanos, e já são consumidos por estarem presentes e serem usados em algumas plantas, como a couve-flor e o brócolis.

***

Recentemente foi desenvolvido por transgenia um salmão que cresce duas vezes mais rápido de que sua versão natural e é idêntico ao tradicional sabor, textura, proteínas, lipídios e outros compostos do salmão normal. A transformação genética se relaciona ao gene do hormônio do crescimento retirado de um primo gigante, o salmão real – *Oncorhynchus tshawytscha* – e de um "interruptor" genético doado de um peixe da família Zoarcidae, parecidos com as enguias. O gene do hormônio do crescimento no salmão natural é reprimido a temperaturas baixas. Os dois genes transferidos permitem a ativação do gene deste hormônio nas condições naturais. O resultado é um peixe que se desenvolve duas vezes mais rápido do que o natural. Não é um salmão gigante, mas consegue crescer na metade do tempo de um peixe natural, quando normalmente é comercializado – um ano e meio ao invés de três anos. Será que as proteínas existentes neste salmão são diferentes dos peixes naturais?

***

Vivemos em um estado de permanente ansiedade e estresse. A tendência à paranoia e acreditar em fantasias, aumenta. A ciência, no que se refere ao seu poder embriagante, narcótico e sonhador, está relacionada inevitavelmente com a "loucura" ou com a ciência que beira esta visão. Chamaria isto de uma "loucura" organizada e criativa. Daí a importância do cientista, pois estes assuntos se transformam nos laboratórios. Lá é como se a vida fosse mais condensada, onde tudo é mais intensamente discutido, os resultados experimentais são delicadamente analisados e são confrontadas diferentes opiniões, notícias inverídicas e conversas surrealistas. Mas isto é muito bom! Chega-se a "tocar" e "sentir" a verdade dessa "loucura". Alguém já disse que: "É melhor estar próximo do lado correto que exatamente no equivocado." É muito ruim quando se tem somente uma voz e o desconhecimento impera e se difunde pela população sem a reflexão necessária.

***

"LOUCURA": A CRIATIVIDADE NA CIÊNCIA

Para os dias de hoje parece ser "loucura" que alguém se arrisque em reuniões científicas dedicadas à divulgação de ideias e novidades. Mas isto acontece. Em um congresso da Europa havia um pôster com uma foto de Eduardo Punset que divulgava a seguinte sentença: "Deus está cada vez menor e a ciência está cada vez maior." Esta frase não era ofensa, e sim mostrava que aquela reunião não era uma qualquer. Neste encontro com o conhecimento, a divulgação científica era convertida em um espetáculo. Lá estavam cientistas, físicos, médicos e filósofos conhecidos. Falavam de ciência e do que estava para vir nos próximos 20 anos, da população, do envelhecimento, da inovação e da liberdade de expressão. O público era heterogêneo e se dividia entre empresários, estudantes, cientistas e pessoas leigas. As apresentações eram de 21 minutos exatos, porque este é o tempo que se supõe que o cérebro possa manter a atenção necessária sobre um determinado assunto... Outros acreditam que o cérebro pode concentrar-se em somente 3 minutos. Em ambos os casos sempre e quando não se fala de sexo, é verdade! E explicavam experimentos em linguagem acessível e aberta.

Punset advertia que é chegado o momento de tratar de nossa saúde mental ao mesmo tempo em que ficamos "alucinados" com a saúde física. Falava de inteligência e de como se podia interferir em nosso cérebro para que se possa mudar o mundo. Logo, explicava como um estudo científico realizado em Londres chegou à conclusão de que certas zonas do hipotálamo dos taxistas londrinos eram mais desenvolvidas que a de cidadãos normais.

O físico japonês Michio Kaku, acostumado com a divulgação da ciência no canal *Discovery*, acreditava que a cada 18 meses se dobra a capacidade dos computadores, de tal maneira que em 10 anos um *chip* custará muito barato. Nossos computadores seriam portáteis e pequenos e as paredes de nossas casas cobertas de um papel "inteligente" que mudariam de cor de acordo com o nosso desejo e/ou sentimento, imaginem! As mudanças mundiais na tecnologia estão provocando um processo de "digitalização do planeta". A tecnologia desenvolvida nos últimos 20 anos atrai possibilidades de negócios locais terem oportunidades em nível mundial.

***

"Mestre" tem relação com músicos, cantores, artistas, uma variedade de intelectuais brasileiros. Às vezes, um desses seus amigos visita o laboratório. Nós estudantes sempre observamos curiosos que a linguagem entre eles é única, falam sobre as mesmas coisas, no mesmo idioma, embora o modo de observá-las ou percebê-las seja tão distinto.

Uma vez suas orientadas ouviram uma conversa alucinada dele com um grande amigo cineasta, Silvio Tendler, que ia realizar um filme sobre Oswaldo Cruz, e visitava o laboratório para ver mais detalhes do que ia precisar para a montagem do cenário.

O "Mestre" estava conversando sobre cenas de filmes realizados pelo cineasta e perguntou:

– Como você escolhe os locais e os cenários para desenvolver as cenas que filma com tanta beleza e lucidez?

O cineasta retorquiu eufórico:

– Quando estou filmando uma cena que me empolga nunca movimento a câmera para observar o local, os detalhes, as cores. As paisagens se movimentam lentamente diante da câmara e de mim, como um conjunto de bailarinas dançando um balé levíssimo. Elas sempre aparecem destacando os melhores ângulos para serem eternizados nas filmagens para compartilhar a experiência de contar uma história; indo desde o mais pessoal de nosso trabalho até a realidade. Minha intenção é reeducar o olhar do espectador e enxergar além dos horizontes que vemos. Observar além das montanhas.

E o "Mestre" encantado com aquela argumentação de seu amigo cineasta, que quase sempre utilizava símbolos e apresentava uma com-

"LOUCURA": A CRIATIVIDADE NA CIÊNCIA

preensão acima do "normal", diante das orientadas estupefatas e curiosas, expressou com eloquência e a maior simplicidade:

– Companheiro, eu compreendo e sinto na pele perfeitamente o que você está dizendo. O importante não é ver, e sim "sentir" as paisagens com os neurônios. Eu nunca movo uma pintura para observá-la, eu movimento com o cérebro o que está dentro das "entrelinhas" do quadro. A paisagem está parada, mas o movimento está dentro de nós, em nossa mente, em nossa criatividade. Tudo se move conforme nossa alma quer. Visto desta maneira, mergulhar e viajar num quadro de van Gogh é o que há de mais alucinante e de mais real para o nosso cérebro. A ciência está conectada à arte ao longo da história. Ambas tratam de entender o mundo físico e a forma de representá-lo. Mas a ciência e a arte não podem converter-se em uma obsessão sem fim, numa "loucura" imensurável, sem visão, sem limite. Senão, corre-se o perigo de cair em um mundo fictício, paralelo, de perder o contato com a realidade, extraviar-se no universo infinito da beleza e da "loucura" sentida pelos seres humanos. O importante é adormecer para sonhar e ter um amanhecer de descobertas.

Era difícil seguir aquelas cabeças "alucinadas" e abertas daqueles dois conversando. Suas alunas não entenderam nada. Mas, mesmo assim, valeu a pena elas terem ouvido aquela conversa inesquecível, surpreendente, maravilhosa. Foi lindo tudo aquilo! Um dia irão entender o que está além dos olhos, das palavras, das cores e dos sons! Elas vão observar, quando este dia chegar, o invisível a caminhar na escuridão da criatividade.

***

Não tenho dúvida de que há uma relação íntima entre a "loucura" e tudo o que é criativo, como a arte e a ciência. Todos os seres humanos têm um desejo desinteressado de conhecimento. Mas, as coisas são complexas. Se fosse tão simples, a "loucura" criaria uma arte e uma ciência maravilhosa, e os hospitais psiquiátricos seriam museus e laboratórios formidáveis, não é? Há algo inevitável que permanece acima de tudo, e que a bendita "loucura" vai coando, decantando e filtrando o belo e o criativo na arte e na ciência. A virtude que tem a compreensão deste panorama dos "loucos" cientistas e artistas é a de acreditar que a fronteira entre a normalidade e a "loucura" é muito difusa, nebulosa. É esse todo que me interessa e me atrai terrivelmente. É a "loucura" "saudável" e "digna" e não aquela outra que tenta explicar o inexplicável! É algo que se estabelece entre a necessidade e a consciência e entre a convivência, a experiência e a dedicação. Algo que passa em maior ou menor medida em nossa vida diária e criativa, não em um mundo de falsas percepções, sentimentos e sensibilidades, ou seja, no mundo da realidade.

Ciência tem tradição e ruptura. A tradição é o que traz a cultura, e a ruptura simboliza a busca do novo, do ainda desconhecido. O laboratório sempre oscila entre estas duas fronteiras. O homem de laboratório não deve ser somente contemporâneo, nem de vanguarda, nem nada. Acredito que existem cientistas e artistas que têm talentos tão grandes, tão maravilhosos, que chegam próximo à "loucura" do que ainda não se conhece. A capacidade em sentir-se louco sem pirar, não é o desejo de todos e a sublime inspiração? Esses indivíduos são capazes de desenvolver um sentido estético, um enorme sentimento criativo e produtivo levado pela sua "loucura". Alguns artistas e alguns cientistas estão muito perto desses limites, dessas fronteiras. Em ciência e arte não basta ter uma ideia, também é importante estimar sua transcendência e convencer de todo a sociedade envolvida. Em muitos casos somente um obstáculo muito tênue, uma casquinha fina, os separa da "loucura" e da insanidade. Para eles a criatividade é uma explosão de "loucura" em um momento de plena lucidez. Existem cientistas inspirados e com sobras de talentos que terminam desconectados do laboratório para viverem mergulhados em sua própria "lucidez", certo de que qualquer ideia original é uma genialidade. Finalmente, não posso deixar de revelar e de expressar que

"LOUCURA": A CRIATIVIDADE NA CIÊNCIA

também são conhecidos muitos artistas e cientistas medíocres que são muito loucos, ou seja, loucos de pedra!

***

Temos que ter cuidado para não confundir a fantasia com a realidade ou viver entre a recordação e a imaginação ou entre os fantasmas do passado e os do futuro. Nossa imaginação sempre está acompanhada de ícones. Mas a matéria científica é fundamental. Ela possui sua trama, sua frequência, sua longitude, sua harmonia e constrói nossa criatividade. O melhor é usar essa capacidade como um recurso para desenvolver cada vez mais a aprendizagem, planejar novos experimentos e criar meios para organizar, no trabalho experimental, metas futuras. A novidade absoluta quase não existe. Há que se forçar o limite de tudo para criar novas ideias e enfoques na ciência. As fronteiras da "loucura" estão muito próximas às da criatividade. Talvez, essas meditações sejam um pouco de "loucura" "saudável" e "charmosa". Não foi a "loucura" que acelerou o desenvolvimento do impressionismo ou mesmo da arte moderna? Bendita "loucura"! Sem ela não veríamos tanta beleza. Não será isto um modo de viver? O único que encontra forças para seguir buscando o novo, o original. Com a ciência não pode ser diferente.

***

As "loucuras" lúcidas, brilhantes e inteligentes acontecem repentinamente. Assim aparece a "loucura" da arte, a "loucura" da ciência, a "loucura" da paixão, a "loucura" pela aventura, a "loucura" do novo, a "loucura" pelo compartilhamento, a "loucura" pela fragmentação, a "loucura" da saudade, da carência, do equilíbrio e do isolamento, a "loucura" pelo melhor dos tempos ao pior dos tempos, a "loucura" da idade da sabedoria e também da estupidez, a "loucura" da época das crenças e da incredulidade, a "loucura" do momento da utopia, do desencanto, e da circunstância e a "loucura" da "loucura" muito louca. Neste nosso mundo há "loucura" para todo tipo, gosto e imaginação. Ela é um ato incontrolável de oxigenação cerebral, encontro e sublimação da alma e criatividade que gira em torno dos neurônios. Isto é imaginação e criatividade cerebral! Sem elas deixamos de existir neste planeta. Estes argumentos podem convencer a maioria das pessoas de como a "loucura" pode ser vista como válida e aceita com dignidade pelos colegas do laboratório, pela instituição e pela sociedade em geral, e esta pode conviver com tranquilidade com estes indivíduos que se dedicam à ciência e à arte.

***

Em conclusão, em minha vida, aprendi a conviver com muitos cientistas e trabalhar em ciência de uma maneira intensa e dedicada. Por vezes consegui enxergar que neles a criatividade e a imaginação são "loucuras" do inconsciente, são delírios estruturados. A criação é magia e paixão. Tudo pode ser verdade, mas tudo pode ser ficção. Mas temos que ter cuidado com a imaginação, pois ela às vezes não é produto da fantasia, e sim o prolongamento da memória. O resultado experimental é a realidade. Ambas são uma necessidade e uma urgência da vida dos cientistas e artistas. A "loucura" saudável não aparece quando quer. É um impulso, e às vezes, podemos consegui-la somente com muita vontade, estresse e sofrimento. Cada um tem veículos de expressão que procuram buscar sempre o melhor. Eles sempre repercutem em poucos momentos de inspiração, inteligência e lucidez. Mas têm ecos além das montanhas das Minas Gerais.

Garcia Lorca, entre suas frases mais esquisitas, disse que todos nós levamos dentro da alma certo grau de "loucura", sem a qual é imprudente viver. O problema dos sintomas cerebrais é que são muito específicos. Numa época em que o pensamento, a emoção e o comportamento mu-

"LOUCURA": A CRIATIVIDADE NA CIÊNCIA

dam de todas as formas, os indicadores precoces da "loucura" são muito difíceis de distinguir do que é a normalidade.

Por isso a minha "loucura" – ah! Isto eu tenho certeza – é bem organizada metodologicamente e têm como principal foco a ciência que imagino, sonho, crio, executo e oriento. Vivo nesta "loucura" uma competição comigo mesmo para atingir o melhor e dar o de melhor que tenho para os estudantes e para minha vida. Minha "loucura" também tem o foco bem estruturado em meus orientados, suas diferenças, suas crises, seus problemas, seus sonhos, suas criações, suas lágrimas, seus olhos brilhando como nunca quando encontram um resultado experimental plausível e diferente do imaginado, e suas tão frequentes fragilidades emocionais, humanas e de relacionamentos sociais. Neste mundo do inimaginável do laboratório, acho que a minha "loucura" é bastante "saudável" e perfeitamente normal, lógica e entendível. Ela pode ser considerada a delicadeza do carinho e da seriedade e a plataforma da imaginação e do sentimento, que desenvolvem um mosaico que nos faz entender um pouco o que é ser um cientista e orientador em um país como o nosso. Acho que tenho a boa arte de sonhar!

Esta obra foi impressa pelo
Armazém das Letras Gráfica e Editora Ltda.
Rua Prefeito Olímpio de Melo, 1599 – CEP 20930-001
Rio de Janeiro – RJ – Tel. / Fax .: (21) 3860-1903
e.mail:aletras@veloxmail.com.br